DAS ÖSTERREICHISCHE LEBENSMITTELBUCH

CODEX ALIMENTARIUS AUSTRIACUS

II. Auflage

Herausgegeben vom Bundesministerium für soziale Verwaltung, Volksgesundheitsamt, im Einvernehmen mit der Kommission zur Herausgabe des österreichischen Lebensmittelbuches

Vorsitzender: o. ö. Prof. Dr. Franz Zaribnicky

XXV.–XXVII. HEFT

KAFFEE

REFERENT: SEKTIONSRAT DR. ADOLF SCHUGOWITSCH

KAKAO UND KAKAOERZEUGNISSE

REFERENT: REGIERUNGSRAT DR. JOSEF MAYRHOFER

KONDITORWAREN UND ZUCKERWAREN

REFERENT: SEKTIONSRAT DR. ADOLF SCHUGOWITSCH

Springer-Verlag Berlin Heidelberg GmbH

ISBN 978-3-662-37243-2 ISBN 978-3-662-37968-4 (eBook)
DOI 10.1007/978-3-662-37968-4

Ausgegeben im Dezember 1931

DAS ÖSTERREICHISCHE LEBENSMITTELBUCH

CODEX ALIMENTARIUS AUSTRIACUS

II. Auflage

Herausgegeben vom Bundesministerium für soziale Verwaltung, Volksgesundheitsamt, im Einvernehmen mit der Kommission zur Herausgabe des österreichischen Lebensmittelbuches

Vorsitzender: o. ö. Professor Dr. Franz Zaribnicky

XXV.

Kaffee

Referent: Sektionsrat Dr. *Adolf Schugowitsch*
(Bundesministerium für soziale Verwaltung)

Für Kaffee und daraus hergestellte Erzeugnisse sind sowohl die allgemeinen Bestimmungen des Gesetzes vom 16. Jänner 1896, RGBl. Nr. 89 · von 1897 maßgebend, als auch im besonderen die Ministerialverordnung vom 17. Juli 1906, RGBl. Nr. 142, welche im § 5 verfügt: „Das gewerbsmäßige Verkaufen und Feilhalten gefärbten Kaffees ohne die ausdrückliche Bezeichnung ‚gefärbt' ist verboten."

1. Beschreibung

A. Rohkaffee

Unter Rohkaffee, „grünem" Kaffee oder Kaffee schlechtweg versteht man die durch eine eigentümliche Behandlung von der Fruchtschale vollständig und von der Samen- oder Silberhaut nahezu vollständig befreiten Samen von Coffea arabica L., Coffea liberica Bull. und Coffea robusta Chev. aus der Familie der Rubiaceae; andere Arten der Gattung Coffea spielen als Nutzpflanzen bisher nur eine untergeordnete Rolle.

Botanische Kennzeichen. Die kirschenähnlichen Früchte des Kaffeebaumes sitzen gruppenweise, zu 4 bis 16, in den Achseln der Blätter und sind im unreifen Zustande grün gefärbt; mit zunehmender Reife geht diese Farbe durch gelb und rot in karmoisinrot und dunkelviolett über. Einzelne Sorten sind auch im reifen Zustand gelb (zum Beispiel Café Botocatu). Die Frucht ist eine in der Regel zweifächerige und zweisamige Steinbeere. Die Fruchtschale setzt sich aus einer glatten Oberhaut als Außenschicht, einer saftigen, süßlich schmeckenden Mittelschicht (Fruchtfleisch) und einer zähen, pergamentartigen Innenschicht (Endokarp) zusammen, die „Pergamenthülle", „Pergamentschale" oder „Hornschale" genannt wird. In dieser liegt der von der lockeren und leicht entfernbaren Samenhaut (Silberhäutchen) umhüllte Samenkern, die Kaffeebohne. Die Früchte enthalten gewöhnlich zwei

Samen, deren flache eingekerbte Seiten einander zugekehrt sind. Ausnahmsweise kommt aber nur eine einzelne Bohne zur Entwicklung, die dann nicht abgeplattet ist, sondern eine allseits gerundete, mitunter walzliche Gestalt besitzt (Perlkaffee). Die Hauptmasse der Kaffeebohnen besteht aus einem gelblichen, bräunlichen, grünlichen oder bläulichgrünen, hornartigen Nährgewebe, das der Länge nach rechts oder links eingerollt ist und den kleinen Keim eingeschlossen enthält.

Eigenschaften. Normaler Rohkaffee enthält nicht mehr als 14% Wasser, 5% Asche und 0,6% Chlor. Die regelrechte Handelsware ist nach Gestalt und Farbe der Bohnen mehr oder weniger gleichförmig. Der Gehalt an Steinen, Schalenresten, Holzsplittern und ähnlichen Verunreinigungen überschreitet auch in den zur Abgabe an die Verbraucher gelangenden minderen Sorten niemals 5 Gewichtsprozente. Auch durch Frost[1]) geschädigte („schwarze"), unreife und eingetrocknete („Niggerbohnen"), besonders aber „Stink- (Speck-, Öl-)" Bohnen kommen in guter Ware nicht in größerer Menge vor. Die Menge der von Rohkaffee mit Wasser, Alkohol oder Äther abwaschbaren Stoffe (s. S. 8) beträgt nicht mehr als 0,5%.

Produktions- und Handelsverhältnisse. Der Kaffeebaum ist ein Gewächs der subtropischen und tropischen Zone; er wird zurzeit am meisten in Süd- und Mittelamerika, in großem Maßstabe auch in Asien, weniger in seiner vermutlichen Heimat, in Afrika, kultiviert. Die Anbau- und Ernteverhältnisse in den verschiedenen Anbaugebieten stimmen naturgemäß nicht ganz überein; die Bearbeitung der geernteten Kaffeefrüchte ist dagegen in allen Produktionsgegenden im wesentlichen die gleiche. Es kommen in dieser Richtung nur zwei Verfahren, das trockene und das nasse, in Betracht. Bei der trockenen Ernteaufbereitung werden die oberflächlich gewaschenen Kaffeekirschen mitsamt dem Fruchtfleisch, das sich nicht selten infolge der Lagerung bereits im Zustande der Gärung befindet, in dünnen Schichten der Sonne ausgesetzt. Sobald die Früchte genügend ausgetrocknet, das heißt, die Hüllen geschrumpft und hart geworden sind, schält man sie mit Hilfe der „Enthülser", die die Schalen brechen und die Samen bloßlegen, so daß diese durch Putz- und Sortiermaschinen leicht in die einzelnen Typen der Handelsware zerlegt werden können. Im letzten Stadium dieses Prozesses wird auch die Silberhaut größtenteils entfernt. Bei dem nassen, früher als „westindisches" bezeichneten Verfahren (im Handel als W. I. B. bezeichnet) gelangt die frische Kaffeekirsche in den „Pülper", eine Maschine, die den Samen mittels angemessenen Drucks und eines kräftigen Wasserstromes entfleischt. Die zerquetschte Masse wird auf ein Sieb geleitet, das die Samen vom

[1]) Ausschußkaffee besteht aus Bruchstücken von Kaffeebohnen, aus nicht ganz ausgereiften oder nicht vollständig entwickelten, sowie durch Frost veränderten Kaffeebohnen, welche aus verschiedenen Kaffeesorten zwecks Gleichmäßigkeit ausgelesen wurden.

Fruchtfleisch trennt. Durch einen kurzen Aufenthalt in Wasser, in einem sogenannten „Gärtank", macht der Kaffee eine kurze Fermentation durch; hiebei fallen auch die letzten Reste des anhaftenden Fruchtfleisches ab. Der so erhaltene, getrocknete Kaffee stellt dann den sogenannten „Kaffee in der Hornschale" dar, der nur ausnahmsweise marktgängig ist. In der Regel wird er durch Behandlung im Enthülser usw. ebenfalls völlig geschält, so daß schließlich von der Silberhaut ebensowenig zurückbleibt wie beim trockenen Verfahren. Dem bei der nassen Aufbereitung unvermeidlichen Nachteil, daß nur ganz reife Kirschen verarbeitet werden können, steht der Vorteil gegenüber, daß man ein besser gefärbtes, gleichmäßiges und daher wertvolleres Produkt erhält.

Da die Güte der Handelsware nicht allein von der Art und Herkunft, sondern auch noch von der richtigen Zeit der Ernte und von der Behandlung, Lagerung usw. der Kaffeebohnen abhängt, fallen Güte und Sorte keineswegs zusammen. Die gebräuchlichsten Sorten entstammen den folgenden Produktionsgebieten: a) Afrika und Arabien: Abessinien (Harrari), Ostafrika (Kilimandscharo, Uganda, Nairobi, Mozambique), Westafrika (Angola, Amboim, Liberia), Arabien (Mocca)[1]; b) Asien: Britisch-Indien (Mysore, Coorg, Neilgherry), Holländisch-Indien (Java, Sumatra, Timor [Menado]). Menado von Celebes stellt eine ausgezeichnete, großbohnige, im frischen Zustande grünliche Sorte dar; die fermentierte Ware ist gelb und braun. Eine mindere Qualität stellt die seit nicht allzulanger Zeit gezüchtete Coffea robusta dar, die jedoch auf dem Weltmarkte steigende Bedeutung erlangt. c) Amerika: Südamerika, und zwar Brasilien (Santos, Rio, Viktoria, Bahia, Parana, Pernambuco), Venezuela, Columbia, Ecuador und Peru; Mittelamerika mit Mexiko, Guatemala, Honduras, Salvador, Nicaragua und Costarica; Westindien mit Jamaika, Domingo, Haiti, Cuba und Portorico.

Aus Brasilien kommen Santos-, Rio-, Viktoria- und Bahiakaffee in zahlreichen Unterarten. Die Bohnen des Riokaffees sind meist mittelgroß, von dunkelgrauer bis grünlicher, sogar bis hellgrünlicher Farbe. „Rio 7" ist die mindeste, hievon in den europäischen Handel gelangende Sorte[2]). Der Santoskaffee hat eine sehr verschiedene Größe und im frischen Zustande eine tiefgrüne, später eine mehr gelbliche Farbe. Bahiakaffee ist dem Rio ähnlich. Die Kaffees der Provinz Minas Geraes kommen unter der Bezeichnung „Sul de Minas"

---

[1]) Der früher als beste Kaffeesorte geschätzte, kleinbohnige, graugrünliche Moccakaffee, welcher seinen Namen von dem kleinen Verschiffungshafen *Mocca* am Roten Meer hat, kommt heute nur noch in geringen Mengen in den Handel, da die Kaffeekultur in Arabien fast ganz aufgelassen wurde. Was Arabien an Kaffee noch produziert, wird über *Aden* und *Hodeida* ausgeführt.

[2]) Sie ist die Standardtype der New-Yorker Kaffeebörse, nach welcher die täglichen Preisnotierungen für den Kaffeeweltmarkt festgesetzt und auf deren Basis die Preise aller anderen Kaffeesorten bestimmt werden.

auf den Markt und haben entsprechend der Lage der Plantagen teils Santos-, teils Riocharakter. Von Venezuela stammt teilweise ganz ausgezeichnete Ware, wie zum Beispiel der Maracaibo- und Caracaskaffee. Zu den besten Erzeugnissen Mittelamerikas zählt der hell- bis dunkelblaugrüne Costarica- und der tiefblaue Guatemalakaffee. Beim mexikanischen Kaffee wird wie bei den übrigen zentralamerikanischen Sorten zwischen dem Hochland- und dem Tieflandprodukt unterschieden; für die Bezeichnung der einzelnen Arten des mexikanischen Kaffees bedient man sich der Namen der Produktionsgebiete, zum Beispiel Tabasco, Jalapa, Sierra usw.

Der Gebrauch einer unrichtigen Herkunftsbezeichnung stellt sich als falsche Bezeichnung im Sinne des Lebensmittelgesetzes dar. Unter der Bezeichnung „Kaffeemischung“ u. ä. sind ausschließlich Mischungen verschiedener Kaffeesorten zu verstehen.

Bei manchen Sorten ist eine nachträgliche Behandlung („Appretur“) üblich, die nicht immer als einwandfrei bezeichnet werden kann. Gestattet sind: das Färben mit Pflanzenfarben oder nicht verbotenen Teerfarben, wenn die Färbung nicht zum Zwecke der Vortäuschung einer besseren Sorte erfolgt und die so geschönte Ware ausdrücklich als „gefärbt“ bezeichnet wird, und das Glätten oder Polieren, falls mit dieser Operation keine Beschwerung oder keine Beimengung fremder Stoffe (Fett, Sirup, Talk u. dgl.) verbunden ist; nicht zulässig erscheint das „Quellen“ mit Wasser oder Wasserdampf, soferne es auf eine künstliche Vermehrung des Gewichtes und Volumens der Bohnen hinausläuft. Der international gebräuchliche Ausdruck „gewaschen“, „lavé“ oder „lavado“ bedeutet ursprünglich nichts anderes, als daß der Kaffee im Produktionsland nach dem nassen Verfahren aufbereitet worden ist; es bemächtigen sich auch manche europäische Appreteure des Wortes „lavé“ u. dgl. und wollen damit Sorten decken, die in Europa nachträglich durch Waschen, Färben usw. „geschönt“ worden sind. Ein solcher Vorgang ist unstatthaft. Der Zusatz fremder Samen (Lupinen, Erdnüssen, Sojabohnen usw.) bedingt eine Verfälschung.

Die Verpackung des Kaffees erfolgt je nach Herkunft in Ballen von 60 bis 90 kg Gewicht.

B. Gerösteter Kaffee

Die Technik der Kaffeeröstung hat einen hohen Grad der Vollkommenheit erlangt. In den großen Apparaten der modernen Röstereien wird eine möglichst gleichmäßige und rasche Erhitzung und die sofortige Entfernung der Röstgase angestrebt. Gut geröstete Kaffeebohnen zeigen eine gleichmäßig braune Farbe und matte Oberfläche; im Innern sind sie braun, nicht licht oder schwarz. Der Wassergehalt steigt nicht über 5%, der Gehalt an Steinen und sonstigen fremden Bestandteilen beträgt weniger als 1% und steigt nur bei Ausschußkaffee auf höchstens 3%, der Aschengehalt nicht mehr als 6,5%, wovon mindestens die Hälfte wasserlöslich ist, die Menge des wässerigen Extraktes fällt bei normaler Ware nicht unter 25%. Was den Gehalt an Koffein betrifft, schwankt er mit der Sorte und Art der Röstung von 0,8 bis 1,5, in selteneren Fällen bis 2,5%.

Um den gerösteten Kaffee ansehnlicher zu machen, werden vor und nach dem Rösten nicht selten die verschiedenartigsten Verfahren angewendet. So suchen zum Beispiel Kaffeebrenner mitunter dieses Ziel in unzulässiger Weise durch Anfeuchten des Kaffees mit alkalischen Flüssigkeiten oder wässerigen Auszügen aus dem Kaffeefruchtfleisch zu erreichen. Der Zusatz von Zucker („Karamelisieren") oder von Harz, namentlich Schellack, nach dem Rösten, oder die Hinzufügung von Rübenzuckersirup und Dextrinlösungen vor dem Rösten („Glasieren") sind, insoweit solche Prozeduren keine bessere Qualität vortäuschen, noch das Gewicht oder das Volumen zum Zwecke der Täuschung vermehren und die so erzeugte Ware als „karamelisiert", „glasiert" oder „geschönt" in den Verkehr gebracht wird, für zulässig zu erklären. Die Verwendung von Eiweiß, Gelatine, Fett, Öl, Mineralöl, Soda, Pottasche, Alkalien, Erdalkalien, Borax, Tannin und anderen gerbstoffhältigen Materialien, und das Spritzen des Kaffees mit Wasser nach dem Rösten gehören jedoch unter allen Umständen zu den unlauteren Verfahrensarten.

Alkohol oder Äther lösen von vollkommen normalem, also ungeschöntem, normal (braun, matt) geröstetem Kaffee beim Abwaschen (s. S. 8) höchstens 1%, Wasser höchstens 0,3% löslicher Stoffe ab, während bei gebranntem Kaffee, der innerhalb der zulässigen Grenzen glasiert, karamelisiert oder sonst geschönt wurde, die Menge der abwaschbaren Stoffe bedeutend mehr, und zwar bis 4% beträgt. Bei stark geröstetem (schwarzbraun, glänzend) Kaffee steigen die Mengen der mit Alkohol und Äther abwaschbaren Stoffe auch bei Abwesenheit von Schönungsmitteln mitunter auf 3 bis 4% an.[1])

Als Kuriosum sei schließlich noch erwähnt, daß mitunter der Versuch gemacht wurde, durch Formen aus Teig und nachheriges Brennen Kaffeebohnen künstlich herzustellen („Kunstkaffee"), die bestimmt waren, dem echten gebrannten Kaffee zugesetzt zu werden.

C. Koffeinarmer Kaffee

Der koffeinarme Kaffee, im Handel mitunter auch (s. unten) „koffeinfreier Kaffee" genannt, rührt nicht etwa von koffeinfreien oder -armen Samen bestimmter Kaffeearten, wie zum Beispiel: Coffea Humblotiana Baill., C. mauritiana Lam., C. bourbonica, C. Gallieni, C. Bonnieri, C. Mogeneti usw. her, sondern wird künstlich aus gewöhn-

---

[1]) *A. Schugowitsch*, Zeitschrift für Untersuchung der Lebensmittel, 1927, Bd. 54, S. 332.

lichem Kaffee durch Behandlung mit Extraktionsmitteln hergestellt. Durch diese Extraktion wird den Bohnen der größte Teil ihres Koffeingehaltes entzogen. Der Gehalt an wasserlöslichen Stoffen darf hiedurch jedoch nicht unter 22% sinken. Der koffeinarme Kaffee hat im gebrannten Zustande, bis auf den verminderten Koffeingehalt (höchstens 0,2%), die gleichen äußeren Eigenschaften wie der nicht extrahierte Kaffee; sein Inverkehrsetzen ohne Kennzeichnung des verminderten Koffeingehaltes erscheint daher unzulässig. Für koffeinarmen Kaffee, welchem sein Koffein bis auf einen Restgehalt von höchstens 0,08% entzogen wurde, ist die Bezeichnung „koffeinfreier Kaffee" zulässig, doch muß dieser üblicherweise auf der Umhüllung eine Angabe des noch vorhandenen Koffeingehaltes tragen.

D. Kaffee-Extrakte (Kaffee-Essenzen) und Kaffeekonserven

Kaffeezubereitungen dieser Art haben den Zweck, dem Konsumenten rasch ein gebrauchsfertiges Getränk zu liefern. Unter den Namen: Kaffee-Extrakt (Kaffee-Essenz u. dgl.) sind nur Waren zu verstehen, die ausschließlich aus dem mit unverändertem oder karamelisiertem Rohrzucker versetzten Auszug von gebranntem Kaffee, von dem mindestens 200 g auf 1 Liter der Essenz zu verwenden sind, bestehen; eine etwaige Verwendung von Auszügen von Kaffee-Ersatzmitteln bei der Herstellung solcher Kaffeezubereitungen ist deutlich zu kennzeichnen. Kaffeekonserven bereitet man durch Pressen von Gemengen aus geröstetem, gemahlenem Kaffee und Rohzucker von entsprechender Beschaffenheit. Gemenge von Kaffee mit Kaffeeersatzmitteln müssen als Kaffee-Ersatzmittel gekennzeichnet sein und auf der Verpackung ebenso wie Kaffeekonserven eine zahlenmäßige Angabe des Kaffeegehaltes tragen. Dies gilt auch für Konserven, welche unter Verwendung von Kaffee-Ersatzmitteln hergestellt wurden. Selbstverständlich ist die Verarbeitung von Kaffee und Kaffeesurrogaten, die, sei es im ganzen, sei es im gemahlenen Zustande nicht verkaufsfähig wären, ebenso unzulässig, wie der Zusatz von nicht einwandfreiem Zucker und Wasser zu derartigen Zubereitungen. Ein Zusatz von unzulässigen Konservierungsmitteln begründet gesundheitsschädliche Beschaffenheit.

2. Probeentnahme

Bei der Probenentnahme von Kaffee ist auf die Erzielung einer guten Durchschnittsprobe sehr zu achten, insbesondere, wenn die Entnahme aus einem großen Vorrat (Sack) erfolgt. Von den Kaffeezubereitungen, die zumeist in bestimmten Abpackungen in den Handel gebracht werden, empfiehlt es sich, Muster in Originalpackung zu entnehmen. Zur Analyse der Waren dieser Gruppe benötigt man etwa 250 g.

3. Untersuchung

A. Sinnenprüfung

Bei den rohen Kaffeebohnen erstreckt sich die Sinnenprüfung auf das Aussehen. Unreife, havarierte, künstlich gefärbte, beim Polieren beschwerte und zu stark glasierte, durch Frost oder sonstwie beschädigte Bohnen lassen sich meist leicht als solche erkennen. Dagegen erfordert die Feststellung der Herkunft, die unter Umständen für die Beurteilung von Bedeutung sein kann, ganz außerordentliche Übung. Sie wird daher zweckmäßig kaufmännischen Spezialisten aus den Kreisen des Handels überlassen. Zur quantitativen Ermittlung der Verunreinigungen werden aus mindestens 100 g des Kaffees alle fremden Bestandteile (s. S. 2) ausgelesen und deren Gewicht bestimmt.

Bei gemahlenem Kaffee geben sich manche beigemengte Ersatzmittel dadurch zu erkennen, daß sie kaltes Wasser rasch braun färben.

Bei Kaffee-Essenzen ist auf etwaige Schimmelbildung an der Oberfläche der Flüssigkeit oder an den Korken zu achten.

B. Mikroskopische Kennzeichen

Die bereits gereinigten, das sind von den Schalenresten befreiten Samen zeigen das folgende mikroskopische Bild: Die innere, zarte, glänzende Samenhaut oder Silberhaut besteht aus zusammengefallenen, inhaltslosen, sehr dünnwandigen, in ihren Umrissen undeutlichen Zellen und einer oft unterbrochenen Lage von vorwaltend spindelförmigen, sehr dickwandigen, verholzten, spaltentüpfeligen Elementen. Das Nährgewebe setzt sich aus lückenlos schließenden, polyedrischen, im Innern etwas radial gestreckten, derbwandigen, grobporösen Zellen zusammen. Ihre Zellwände erscheinen im Schnitte infolge der Tüpfelung auffallend knotig. Als Inhalt führen sie Öltröpfchen und eine formlose, zum Teil in Wasser lösliche Masse. Der Keim ist aus dünnwandigen, sehr zarten, regelmäßig gereihten Zellen gebildet, die größtenteils Eiweiß und Fett enthalten.

Im gebrannten Kaffee sind die Zellwände und der Zellinhalt mehr oder weniger gebräunt.

Poliermittel erkennt man unter dem Mikroskop selbst im gemahlenen Kaffee in der Regel unschwer. Auf grüne Bohnen aufgetragene Farbstoffe gehen manchmal auf ein Kollodiumhäutchen über, mit dem man das zu untersuchende Material überzieht.

C. Chemische Untersuchung

1. Wasser

Die Bestimmung erfolgt in einer Probe von 5 bis 10 g Gewicht bei einer Trockentemperatur von 105° C. Geröstete Kaffeebohnen sind vor der Untersuchung zu mahlen, rohe (grüne) Bohnen vor dem Mahlen noch vorzutrocknen und der hiebei eintretende Gewichtsverlust bei der Berechnung zu berücksichtigen.

2. Asche und Kochsalz

Zur Bestimmung des Aschengehaltes werden 10 g Kaffee in einer gewogenen Platinschale sorgfältig, eventuell unter Befeuchten der gebildeten Kohle und neuerlichem Erhitzen, verascht.

Für die Bestimmung des Kochsalzgehaltes werden in einer neuen Probe 10 g Kaffee bei niedriger Temperatur in einer gewogenen Platinschale verbrannt, der kohlige Rückstand mit heißem Wasser ausgezogen und filtriert. Man wäscht aus und ergänzt das Filtrat mit Wasser auf 100 ccm. 25 ccm dieser Lösung säuert man mit Salpetersäure schwach an, beseitigt den Überschuß der Säure durch Zusatz einer kleinen Menge von reinem kohlensaurem Kalk und titriert, ohne von dem überschüssigen Kalk abzufiltrieren, unter Verwendung von Kaliumchromat als Indikator mit 0,1 n-Silbernitratlösung. Ein Kubikzentimeter Silberlösung entspricht 0,00585 g NaCl.

3. Wasserlösliche Stoffe[1])

10 g feingemahlener Kaffee werden mit 200 ccm Wasser übergossen; nach Zugabe eines Glasstabes wird das Gesamtgewicht festgestellt. Sodann erhitzt man unter Umrühren und unter Vermeidung des Überschäumens bis zum Sieden und kocht fünf Minuten lang. Nach dem Erkalten wird mit destilliertem Wasser auf das ursprüngliche Gewicht aufgefüllt, gut durchgemischt und filtriert. Hierauf dampft man 25 ccm des Filtrates auf dem Wasserbade ein, trocknet im Wassertrockenschranke während drei Stunden und wägt.

4. Überzugsmittel[2])

a) Nachweis von zugesetztem Fett, Paraffin und Mineralöl: 10 g ganze Bohnen werden 2 Minuten lang mit 50 ccm Äther geschüttelt; man filtriert in ein gewogenes Kölbchen, wäscht mit 25 ccm Äther nach und wiegt den bei 100° getrockneten Rückstand des Auszuges. Dieser wird noch auf Verseifbarkeit geprüft. Zum Nachweis einer mit Fett erfolgten Schönung kann man nach *Gury*[3]) die Refraktometerzahl des beim Waschen der ganzen Bohnen mit Äther erhaltenen Rückstandes mit der Refraktometerzahl des aus den zerkleinerten Bohnen erhaltenen Extraktionsrückstandes vergleichen, welche beiden Zahlen bei ungeschöntem Kaffee sehr gut übereinstimmen.

---

[1]) Schweizerisches Lebensmittelbuch, 3. Aufl., 1917, S. 190.

[2]) Ebenda.

[3]) Mitteilungen über Lebensmitteluntersuchungen und Hygiene des Schweizer Gesundheitsamtes, 1913, 4, 365.

b) Nachweis von Harzen: 10 g ganze Bohnen werden mit 100 ccm Alkohol von 90 bis 95 Volumprozenten aufgekocht. Die Hälfte des filtrierten alkoholischen Auszuges wird eingedampft und der Rückstand erhitzt; die Anwesenheit von Harz gibt sich dabei durch den charakteristischen Harzgeruch zu erkennen. Der Rest des alkoholischen Auszuges dient zur eventuellen quantitativen Bestimmung des Harzes; man verjagt den Alkohol, trocknet eine Stunde lang im Wassertrockenschranke und wiegt. Ein empfindlicher Nachweis von Harz (Kolophonium) kann durch Nachweis der Abietinsäure in nachstehenderweise[1]) erfolgen:

10 g Kaffeebohnen werden mit 30 ccm 0,5 n-Lauge und etwas Kieselgur drei Minuten lang geschüttelt. Hierauf wird durch ein feuchtes Filter klar filtriert. Man säuert mit verdünnter Schwefelsäure an und schüttelt mit 30 ccm Äther aus, läßt die Schwefelsäure ablaufen und filtriert die ätherische Ausschüttelung durch ein trockenes Filter. Der Äther, welcher nun die Abietinsäure nebst anderen freien Säuren enthält, wird in dem gereinigten Schütteltrichter einige Male mit je 25 ccm Wasser gewaschen, verdunsten gelassen und der Rückstand in 1 bis 1,5 ccm Essigsäureanhydrid gelöst. Zu dieser in einem schräg gehaltenen Proberöhrchen befindlichen Lösung läßt man einen Tropfen Schwefelsäure vom spezifischen Gewichte 1,53 (= 62,5%) langsam zufließen. Eine blauviolette Färbung, welche beim Schütteln bald in eine schmutzigbraune und schließlich in eine gelbe übergeht, läßt die Abietinsäure erkennen. Bei Abwesenheit von Kolophonium bleibt die Essigsäureanhydridlösung farblos oder zeigt höchstens einen schwach rosafarbigen Stich, welcher sich nicht weiter verändert.

c) Nachweis von Stoffen, die sich mit Wasser abwaschen lassen: 20 g unverletzte Kaffeebohnen werden mit 500 ccm Wasser durch fünf Minuten geschüttelt. Man gießt hierauf die Flüssigkeit sofort durch ein Sieb und filtriert. Vom Filtrat verdampft man 250 ccm in einer Platinschale, trocknet während drei Stunden im Wassertrockenschranke, wiegt, verascht und wiegt nochmals. Die Differenz der beiden Wägungen ergibt das Gewicht der abwaschbaren organischen Substanz. Der Rest der Flüssigkeit wird zur qualitativen Prüfung auf Zucker, Dextrin und eventuell auch auf Glyzerin verwendet. Wenn beim Waschen des Rohkaffees das Waschwasser Chlor enthalten sollte, ist eingehender auf „Havarie“ der Ware durch Seewasser, also auf Chlornatrium, zu prüfen.

5. Koffein

Zur quantitativen Bestimmung des Koffeins in geröstetem Kaffee eignet sich am besten die etwas vereinfachte Methode von *Katz*[2]):

[1]) Zeitschrift für Untersuchung der Lebensmittel, 1927, Bd. 54, S. 336.

[2]) Archiv der Pharmazie, 1904, S. 42. *Waentig*, Arbeiten aus dem Kaiserlichen Gesundheitsamte 1905, S. 315.

10 g des gepulverten Kaffees werden mit 200 g Chloroform und 10 g Ammoniak zwei Stunden lang geschüttelt. Nach dem Absitzen destilliert man 150 g der filtrierten Chloroformlösung ab, löst den Rückstand in 5 ccm Äther und setzt 10 ccm 0,5-prozentiger Salzsäure nebst 0,2 bis 0,5 g festem Paraffin zu. Hierauf wird solange erwärmt, bis der Äther verdunstet und das Paraffin geschmolzen ist, nach dem Erkalten durch ein möglichst kleines Filter filtriert, der Rückstand noch zweimal mit je 10 ccm 0,5-prozentiger Salzsäure erwärmt, die Flüssigkeit nach dem Erkalten filtriert, das Filter mit etwa 15 bis 20 ccm 0,5-prozentiger Salzsäure ausgewaschen und das Filtrat ohne Substanzverlust in einen geeigneten Extraktionsapparat gebracht, der etwa 40 ccm faßt. Man extrahiert vier Stunden lang mit Chloroform, dunstet ab und bestimmt im Verdunstungsrückstand den Stickstoff nach *Kjeldahl.* Der Prozentgehalt an Stickstoff gibt, mit 3,4585 multipliziert, den gesuchten Prozentgehalt an wasserfreiem Koffein.

Zur quantitativen Koffeinbestimmung in Kaffeekonserven werden aus 20 g der gut gemischten Konserve durch wiederholtes Auskochen mit Wasser 1000 ccm eines filtrierten Auszuges hergestellt. 500 ccm dieses Auszuges werden auf etwa 50 ccm eingedampft und diese nach Zusatz von etwa 5 ccm Ammoniak in einem geeigneten Extraktionsapparat mit Chloroform erschöpfend extrahiert. Der nach dem Verdunsten des Chloroforms verbleibende Rückstand wird, wie oben angegeben, mit 0,5-prozentiger Salzsäure und Paraffin behandelt und aus der salzsauren Lösung das Koffein wieder durch Chloroform ausgezogen. Aus dem Stickstoffgehalt des nunmehr genügend reinen Koffeins kann dessen Menge wieder berechnet werden. Falls der zur Herstellung der Konserve verwendete Kaffee gleichfalls vorliegt, kann auch die Menge des in der Konserve enthaltenen Kaffees berechnet werden. Ist der verwendete Kaffee nicht mehr beschaffbar, so läßt der erfahrungsmäßig festgestellte mittlere Koffeingehalt von 1,2% die zugesetzte Kaffeemenge angenähert berechnen.

6. Zucker[1])

5 g gemahlener Kaffee werden nach *Kornauth* im Extraktionsapparat mit Petroläther entfettet und mit 90 bis 95-prozentigem Alkohol ausgezogen. Der alkoholische Auszug wird eingedunstet, der Rückstand mit Wasser aufgenommen, durch Bleiessig geklärt, das Blei mit Natriumsulfat entfernt und der Zucker vor und nach der Inversion nach *Allihn-Meißl*[2]) bestimmt.

---

[1]) Vereinbarungen zur einheitlichen Untersuchung und Beurteilung von Nahrungs- und Genußmitteln sowie Gebrauchsgegenständen für das Deutsche Reich. Heft III. 1902, S. 30.

[2]) *Wein,* Tabellen zur quantitativen Bestimmung der Zuckerarten. Stuttgart 1888.

7. Sonstige fremde Zusätze

Konservierungsmittel wie Salizyl-, Bor-, Ameisen-, Benzoesäure (und deren Abkömmlinge), Flußsäure, Formaldehyd werden in Kaffee-Essenzen in üblicher Weise, Teerfarbstoffe durch die Wollprobe und Aufnahme des von der Wolle mit Ammoniak abgezogenen Farbstoffes in Amylalkohol nachgewiesen.

4. Beurteilung

Gesundheitsschädlich sind: gerösteter Kaffee, der mit Mineralöl oder arsen- bzw. antimonhältigem Schellack geschönt wurde (S. 5), und Kaffeezubereitungen, bei deren Herstellung hygienisch nicht einwandfreie Materialien, zum Beispiel schlechtes Wasser u. dgl. oder unzulässige Konservierungsmittel Verwendung gefunden haben. Als verdorben wird durch Nässe beschädigter, stärker havarierter und verschimmelter Rohkaffee und ebensolcher gerösteter Kaffee (S. 9) anzusehen sein. Verfälscht ist: Zur Abgabe an die Verbraucher gelangender Rohkaffee, welcher den S. 2 gestellten Anforderungen nicht entspricht, insbesondere mit einem 5% übersteigenden Gehalt an fremden Stoffen (S. 2), durch Behandlung mit Fett, Sirup u. dgl. beschwerter wie auch „gequollener" Rohkaffee (S. 4). Ebenso gerösteter Kaffee, der mehr als 1% fremder Stoffe, oder mehr als 6,5% Gesamtasche, oder weniger als die Hälfte der Gesamtasche in wasserlöslicher Form, oder weniger als 25% wasserlösliche Stoffe in normalem oder weniger als 22% in koffeinarmem bzw. „koffeinfreiem" Kaffee enthält, ferner als „geschönt" usw. bezeichneter Kaffee, welcher mehr als 4% abwaschbarer Stoffe enthält, oder in anderer unzulässiger Weise als mit gesundheitsschädlichen Schönungsmitteln geschönt ist (s. o.) und schließlich gerösteter Kaffee mit mehr als 5% Wasser. Eine falsche Bezeichnung liegt vor, wenn bei Rohkaffee ein unrichtiger Produktionsort genannt wird (S. 4), wenn gefärbter Rohkaffee ohne die ausdrückliche Angabe „gefärbt", also entweder ganz ohne Kennzeichnung dieses Umstandes oder mit der ungenügenden Kennzeichnung „gewaschen", „lavé" u. dgl. feilgehalten oder verkauft wird (S. 4), wenn karamelisierter, glasierter oder sonstwie in zulässiger Weise geschönter, gerösteter Kaffee als nicht geschönter Kaffee oder ohne Erwähnung der Tatsache der erfolgten Schönung feilgehalten oder verkauft wird (S. 5); ferner wenn koffeinarmer Kaffee (S. 6) als „Kaffee" schlechtweg, Kaffee mit einem Gehalt von mehr als 0,08% Koffein als „koffeinfrei" oder mit einem Gehalt von mehr als 0,2% Koffein als „koffeinarm", desgleichen, wenn koffeinfreier Kaffee ohne Angabe des noch vorhandenen Koffeingehaltes auf der äußeren Umhüllung in Verkehr gesetzt wird. Als falsch bezeichnet sind auch ersatzmittelhältige Kaffeezubereitungen zu erklären, welche ohne Kennzeichnung des Ersatzmittelzusatzes als „Kaffee-Extrakt", „Kaffee-Essenz", „Kaffeekonserve“ u. dgl. schlechtweg bezeichnet werden (S. 6). Künstlich hergestellte Kaffeebohnen (S. 5) sind Nachmachungen im Sinne des Lebensmittelgesetzes. Die Anwesenheit schwarzer Bohnen im Rohkaffee (S. 2) und die zu starke Röstung des Kaffees (S. 4) bedingt je nach dem Grade des Mangels den Minderwert oder das Verdorbensein der Ware.

5. Regelung des Verkehrs

Kaffee gehört, namentlich im rohen Zustand, zu den Waren, die sehr leicht fremde Gerüche „anziehen“. Auf diese Eigentümlichkeit und auf die Neigung des gerösteten Kaffees, „auszurauchen“, das heißt, seine Geruchstoffe einzubüßen, muß man sowohl beim Transport als auch bei der Lagerung Rücksicht nehmen. Bei der Abgabe von geröstetem Kaffee im Kleinhandel soll die Ware erst über Verlangen des Käufers vermahlen werden. Dem Verkauf von Mischungen, die aus gemahlenem Kaffee und Kaffee-Ersatzmitteln bestehen (S. 6), ist wegen der Gefahr von Mißbräuchen besondere Aufmerksamkeit zuzuwenden.

6. Verwertung des beanstandeten Kaffees usw.

Gesundheitsschädliche und verdorbene Waren dieser Gruppe sind, ebenso wie eventuelle Nachmachungen, zu vernichten, verfälschte Waren lediglich aus dem Verkehr zu ziehen. Falsch bezeichneter Kaffee usw. kann unter richtiger Bezeichnung wieder in den Handel gebracht werden. Als technische Verwendung kommt hier die Gewinnung von Koffein in Betracht.

Experten: Direktor *Hans Biber*, Direktor *Karl Diebold* („Coffeinfrei“-Kaffee-Handelsges.), *Paul Feitler*, *Alois Gruberbauer* (Inh. der Firma S. Freund), *Josef Haag* (Kaffeerösterei), Prokurist *Otto Maull* (Julius Meinl A. G.), Direktor Ing. *Karl Wimmer* † („Coffeinfrei“-Kaffee-Handelsges.), Hofrat Dr. *Ernst Wölfel* (Julius Meinl A. G.).

XXVI.

Kakao und Kakaoerzeugnisse

Referent: Regierungsrat Dr. *Josef Mayrhofer*
(Landw.-chem. Bundes-Versuchsanstalt, Wien)

Außer den allgemeinen, den Verkehr mit Lebensmitteln regelnden Rechtsnormen, wie dem Gesetz vom 16. Jänner 1896, RGBl. Nr. 89 vom Jahre 1897 („Lebensmittelgesetz") und der Ministerialverordnung vom 13. Oktober 1897, RGBl. Nr. 235, womit Bestimmungen über die Erzeugung oder Zurichtung von Eß- und Trinkgeschirren, dann Geschirren und Geräten, die zur Aufbewahrung von Lebensmitteln oder zur Verwendung bei denselben bestimmt sind, sowie über den Verkehr mit denselben erlassen werden, sowie der diese Verordnung abändernden bzw. ergänzenden Ministerialverordnung vom 10. November 1928, BGBl. Nr. 321, kommt für den vorliegenden Abschnitt des Österr. Lebensmittelbuches auch noch der Erlaß des Finanzministeriums vom 5. Mai 1902, RGBl. Nr. 102, in Betracht, welcher Anleitungen zur Bestimmung des Rohrzuckergehaltes zuckerhältiger Waren auf analytischem Wege und zur Prüfung der Schokolade auf den Kakaogehalt (im finanztechnischen Sinne) bietet.

Auch die Ministerialverordnung vom 17. Juli 1906, RGBl. Nr. 142, über die Verwendung von Farben und gesundheitsschädlichen Stoffen bei Erzeugung von Lebensmitteln (Nahrungs- und Genußmitteln) ist insbesondere hinsichtlich ihrer Bestimmungen über Umhüllungen und Schutzbedeckungen, ebenso die Ministerialverordnung vom 2. April 1901, RGBl. Nr. 36, womit die Verwendung ungenießbarer Gegenstände für Eßwaren, sowie das Verkaufen und Feilhalten solcher mit ungenießbaren Gegenständen versehenen Eßwaren verboten wird, hier beachtenswert.

Durch die Ministerialverordnung vom 16. Dezember 1922, BGBl. Nr. 925, betreffend das Verbot des gewerbsmäßigen Herstellens, Verkaufens und Feilhaltens einiger zur Fälschung von Lebensmitteln bestimmter Stoffe, wurde das gewerbsmäßige Vermahlen von Kakaoschalen, ferner das gewerbsmäßige Verkaufen und Feilhalten vermahlener Kakaoschalen und von Mischungen mit diesen verboten.

1. Beschreibung

A. Kakaobohnen

Kakaobohnen des Handels sind die getrockneten, fermentierten (gerotteten) oder nicht fermentierten, rohen Samen des Kakaobaumes, Theobroma Cacao L.

Sie werden teils von wildwachsenden, teils von auf Plantagen gezogenen Bäumen gesammelt. Die Frucht des Kakaobaumes, die einer dicken Gurke ähnelt, hat eine Länge von 12 bis 20 cm bei einer Dicke von 6 bis 8 cm; sie ist in frühreifem Zustande grün, dann, je nach der Sorte, gelb bis rot, nach dem Trocknen braun. Ihre im frischen Zustande weißen Samen sind in der fünfkantigen, mit zehn Längsrippen ausgestatteten Fruchtschale zu etwa 24 bis 60 Stück in fünf, manchmal auch bis acht, der Länge nach in Säulen vereinigten Reihen angeordnet. Man entnimmt sie den Früchten, befreit sie mittels Sieben möglichst vom Fruchtfleisch und überläßt sie einem Fermentationsprozeß. Nach zwei bis fünf Tagen gelangen sie in die Vorratsräume und werden dann an der Sonne getrocknet. Bei einem anderen Verfahren, das aus Venezuela stammt, kommt eine intensivere und anhaltendere Gärung in Körben oder Haufen, auch in Erdgruben (daher „Terrieren") zur Anwendung. An den so behandelten Bohnen haftet daher oft noch ein gelblichroter Ton. Auch das einfache Trocknen an der Sonne oder die künstliche Trocknung, ohne jede Fermentierung, ist manchenorts üblich.

Äußere Kennzeichen. Die Kakaobohnen des Handels sind mehr oder weniger platt-eiförmig, bis 3 cm lang und etwa 1,6 cm breit; das Gewicht von 100 Stück schwankt je nach der Sorte zwischen 90 und 160 g. Am stumpferen Ende sind die Kakaobohnen mit einem flachen, glatten Nabel versehen, von dem aus längs der stärker gewölbten Seite zum anderen Ende ein deutlich wahrnehmbarer Nabelstreifen verläuft. Die dünne, zerbrechliche, gelb- bis rotbraune oder schwärzliche Samenschale trägt oft an der Oberfläche vertrocknete Reste des Fruchtfleisches; ihre Menge schwankt zwischen 8 und 21% des Samengewichtes. Sie umschließt einen Samenkern, der der Hauptsache nach aus zwei großen, dicken, ölig-hartfleischigen, rotbraunen bis schwarzvioletten Keimlappen besteht, in deren Falten das zarte Nährgewebe, einem Häutchen ähnlich, eindringt, die Keimlappen in zahlreiche eckige Stücke zerklüftend. An ihrer Berührungsfläche sind die Keimlappen mit drei starken Rippen versehen; sie umschließen am Grunde das kleine, derbere Würzelchen.

Eigenschaften. Die rohe, geschälte Kakaobohne hat je nach der Sorte, Herkunft und Bearbeitung mehr oder weniger milden und aromatischen Geschmack. Ihr Gehalt an Wasser beträgt etwa 6%, an Proteinstickstoff rund 2,4%, an Diureidstickstoff (Theobromin und Koffein) etwa 0,6%, an Fett rund 50%, an Stärke 6 bis 8%, an Rohfaser 3,5 bis 5% und an Asche 2,0 bis 4,5%. Gesunde Bohnen zeigen beim Zerbrechen im Innern glatte, fettglänzende Flächen und keine Pilzvegetation. Sie liefern in gedarrtem oder geröstetem Zustande das Ausgangsmaterial für die Herstellung der Kakaoerzeugnisse. Auch das Rösten gleicht mehr einem scharfen Trocknen. Es verändert sich dabei die Zusammensetzung, soweit sie für die Beurteilung der Kakaoerzeugnisse nach dem Lebensmittelgesetz in Betracht kommt, nicht wesentlich, dagegen bessern sich Geruch und Geschmack.

Produktions- und Handelsverhältnisse. Der Kakaobaum gedeiht ausschließlich in tropischen Gegenden, wo er feuchte und vor austrocknenden Winden geschützte Täler liebt. Die wichtigsten Produktionsländer sind Zentral- und das nördliche Südamerika: Mexiko, Guatemala, San Salvador, Nicaragua, Cuba, Portorico, Haiti, San Domingo, Columbien, Ecuador, Venezuela, dann Niederländisch-Guayana und die Küstenstriche von Parà, Ceara, Pernambuco und Bahia in Brasilien. In Asien gedeiht er am besten auf Ceylon, Java und Celebes, in Afrika am Golf von Guinea, auf einzelnen Inseln, wie S. Thomé, auf der englischen Goldküste (Ausfuhrhäfen: Akkra und Lagos), in Togo, Kamerun und im Kongostaat.

Die Handelssorten tragen in der Regel die Namen der Ausfuhrhäfen. Die Versendung erfolgt in Säcken im Gewichte von 60 bis 90 kg.

B. Kakaoerzeugnisse

Die Herstellung der Kakaoerzeugnisse erfolgt zumeist fabriksmäßig. Bis auf gewisse Herstellungsvorteile ist das Verfahren, wenigstens in den Grundzügen, ein ziemlich einheitliches. Die Qualität der normalen Ware wechselt daher in den einzelnen Erzeugungsstätten relativ wenig; die Unterschiede hängen hauptsächlich von der Auswahl und Behandlung der Materialien ab. Zur Herstellung des Ausgangsmaterials (des Kakaobruches) für alle Kakaoerzeugnisse werden die rohen Bohnen durch Sieben und Bürsten von Sand und Staub, durch Auslese von Steinen, tauben Bohnen, Holzteilchen und anderen Verunreinigungen befreit, hierauf gedarrt oder geröstet, dann gebrochen und entschält. Die Verarbeitung beschädigter (havarierter, verschimmelter, durch Brandrauch oder Insektenfraß verdorbener) Bohnen ist unstatthaft.

Kakaogrus sind kleine Kakaokernteilchen, die beim Brechen und Reinigen der Kakaokerne anfallen und durch gesonderte Auslese von den sie begleitenden Samenschalen, Samenhäutchen und Keimen, dem Abfall, getrennt worden sind.

Die modernen Brech-, Schäl- und Reinigungsmaschinen sind imstande, die Schalen und auch die Keime von den Bohnen bis auf einen ganz kleinen, technisch nicht vermeidbaren Rest zu entfernen.

Für die Herstellung von Kakaopulver und einigen Kakaoerzeugnissen wird der Kakaomasse (s. S. 16) ein Teil des Kakaofettes durch Abpressen entzogen und das mehr oder minder stark entfettete Produkt häufig der sogenannten „Aufschließung“, die man auch als „Löslichmachen“ bezeichnet, unterzogen.

Als Kakaoerzeugnisse kommen in den Handel:

a) Kakaomasse

Unter Kakaomasse versteht man die gleichmäßig feine, in der Wärme flüssige Masse, die durch Mahlen, Walzen oder Schleifen des Kakaobruchs hergestellt wird. Im Handel erscheint sie in Blockform mit einem Gehalt von 45 bis 55% Kakaobutter. Ihr Aschengehalt schwankt, auf fettfreie Trockenmasse bezogen, zwischen 5 und 10%, bei den mit Alkalien aufgeschlossenen Waren kann er 16,6% erreichen. Der Sandgehalt in der fettfreien Trockenmasse darf 0,3%, der Gehalt an Rohfaser 9% nicht übersteigen. Schalenteilchen dürfen in Kakaomasse nur in technisch nicht vermeidbaren Mengen enthalten sein.

Das Auffärben und die Verwendung von Konservierungsmitteln gehören zu den unerlaubten Verfahrensarten.

Bei Kakaomasse und allen aus ihr hergestellten Kakaoerzeugnissen ist ein Zusatz fremden Fettes unzulässig.

b) Kakaopulver (entölter Kakao)

Dies sind pulverförmige Erzeugnisse aus Kakaomasse, auf mechanischem Wege mehr oder weniger entfettet (entölt) und meist auch aufgeschlossen.

Bei der Herstellung der aufgeschlossenen, sogenannten löslichen Kakaopulver (Puder) wird der Kakao mit bestimmten Salzen (den Karbonaten oder Oxyden) der Alkalien, des Kalziums, des Magnesiums oder des Ammoniums, oder mit Dampf unter Druck behandelt; auch verbindet man beide Verfahren. Die Aufschließung hat den Zweck, den Kakao beim Kochen leichter zur Verteilung bringen zu können, so daß er wesentlich länger in Schwebe zu halten ist. Für diese chemische Behandlung ist die Verwendung der oben erwähnten Verbindungen (als Kaliumkarbonat berechnet) im Höchstausmaße von 3% der in Arbeit genommenen „Kakaomasse“ zulässig.

Die normale Ware muß noch mindestens 20% Fett in der Trockenmasse enthalten. Kakaopulver mit geringerem Fettgehalt (stark entölter Kakao) ist als „Magerkakao“ zu bezeichnen. Magerkakao mit einem Fettgehalt unter 10% darf nur mit genauer Angabe des Fettgehaltes in Verkehr gebracht werden.

Kakaopulver enthält normalerweise etwa 6% Wasser, ein Höchstgehalt von 9% darf nicht überschritten werden. Bei nicht aufgeschlossenem oder nur mit Ammoniumsalzen oder Dampf aufgeschlossenem Kakaopulver übersteigt die Menge der Mineralstoffe (Asche), bezogen auf fettfreie Trockenmasse, keinesfalls 10%.

Die Gesamtalkalität der Asche (bezogen auf 100 g fettfreie Kakaotrockenmasse) übersteigt nicht 120 ccm, die wasserlösliche Alkalität nicht 30 ccm Normalsäure. In Kakaopulvern, welche mit mineralischen Zusätzen aufgeschlossen wurden, die in der Asche erscheinen, darf der Aschengehalt, berechnet auf fettfreie Kakaotrockenmasse, 16,6% nicht übersteigen. Die durch den Alkalizusatz erhöhte wasserlösliche Alkalität der Asche entspricht nicht ganz der aufgewendeten Alkalimenge, da bei der Veraschung aus organischen Phosphorverbindungen Phosphate gebildet werden. Der Gesamtwert der wasserlöslichen Alkalität der Asche so aufgeschlossener Kakaopulver darf 120 ccm Normalsäure nicht überschreiten.

c) Tunkmassen (Couvertüren)

Tunkmassen, Couvertüren oder Überzugsmassen sind Mischungen von Kakaomasse und Kakaobutter nebst weißem Verbrauchszucker (Saccharose). Dieselben müssen mindestens 17,5% fettfreie Kakaotrockenmasse und einen Gesamtkakaobuttergehalt von mindestens 35% enthalten. Infolge ihres hohen Fettgehaltes sind sie in der Wärme dünnflüssig und werden zum Überziehen oder Übergießen von Bonbons, Konditorwaren u. dgl. verwendet. Zusätze, wie geröstete Haselnüsse, Mandeln, Walnüsse, Milch, Honig, müssen, wenn ihre Menge 5% des Gewichtes der Tunkmasse überschreitet, nach Art und Menge gekennzeichnet werden. Im übrigen muß sie den an Kakaomasse gestellten Anforderungen entsprechen.

d) Schokolade

Schokoladen sind Zubereitungen aus Kakaomasse, Kakaobutter, Saccharose und Würzstoffen. Der Schokolade kann aus technischen Gründen (zwecks rascherer Verflüssigung der Schokolademasse) Lezithin bis zu 0,5% des Gesamtgewichtes kennzeichnungsfrei zugesetzt werden. Die Menge an Kakaobestandteilen (Kakaomasse und Kakaobutter) hat mindestens 40% zu betragen. Die als Würzstoffe in Betracht kommenden Zusätze, wie Kaffee, Vanille, Vanillin, Zimt, Nelken, ferner Hasel- und Walnüsse, Mandeln, Rahm oder Trockenmilch, Honig, sind bis zu einem Ausmaße von 5% des Gesamtgewichtes kennzeichnungsfrei. Wird dieses Ausmaß überschritten, so müssen alle diese Zusätze nach ihrer Art gekennzeichnet sein und im Geschmack deutlich hervortreten. Die Menge der Zutaten, soweit sie nicht im unzerkleinerten Zustande sichtbar erscheinen, darf einschließlich des Zuckers 60% nicht überschreiten. Gefüllte Schokoladen in Tafelform müssen mindestens 25% Tunkmasse haben. Unter Bitterschokolade ist eine ohne Zusatz von Bitterstoffen hergestellte zuckerarme Schokolade zu verstehen.

Auch die als „Bruch-, Wirtschafts-, Konsumschokolade" u. ä. bezeichneten Schokoladen müssen den oben gestellten Anforderungen entsprechen.

e) Trink-, Raspel-, Puderschokolade (Schokoladepulver)

Dies sind im Schokoladeverfahren hergestellte Gemenge von mehr oder weniger entfetteter, auch aufgeschlossener Kakaomasse und Saccharose. Ihr Gehalt an Kakaobutter muß mindestens 14% betragen. Ihr Zuckergehalt darf 60% nicht überschreiten.

f) Milchschokolade

Milchschokolade muß mindestens 12,5% Milchtrockenmasse und mindestens 25% Kakaobestandteile enthalten. Der Gehalt an Milchfett hat mindestens 3%, bei Vollmilchschokolade mindestens 3,5%, der an fettfreier Kakaotrockenmasse mindestens 5,0% zu betragen.

Magermilchschokolade ist als solche zu kennzeichnen und muß mindestens 12,5% Magermilchtrockenmasse enthalten; der Gehalt an Kakaobestandteilen darf gleichfalls 25%, der an fettfreier Kakaotrockenmasse 5,0% nicht unterschreiten.

Die in Obers- (Sahne-) bzw. Rahmschokoladen enthaltene Sahne-(Rahm-) Trockenmasse muß einen Milchfettgehalt von mindestens 40% haben. Die fettfreie Milchtrockenmasse in der fertigen Schokolade dieser Art muß mindestens 7% betragen.

g) Schokoladewaren

Hieher gehören Waren aus Schokolade allein erzeugt, wie Croquettes, Katzenzungen, Arabesken, Pastillen, Zigarren, Zigaretten, Figuren, Weihnachtsbaumbehänge u. dgl., ferner Schokoladebonbons mit Cremefüllung (Pralinés), weiters Schokoladekonfekt mit Mandel-, Haselnuß-, Nuß-, Fruchtmasse- und Obstgeleefüllungen, endlich Schokoladebonbons (Likörbonbons) mit flüssiger Füllung (Weinbrand, Kirsch, Rum, Maraschino u. a.). Mit Tunkmasse überzogene Waffeln, Biskuits, Patience- und andere Bäckereien bilden weit verbreitete Handelsartikel.

Das Färben und Lackieren der Oberfläche ist nur bei „figurierten" Schokoladen, und zwar mit unschädlichen Farben und Lacken (Benzoe, Sandarak) zulässig. Die Zugabe von Zuckercouleur oder anderen Farbstoffen zu Kakao und Kakaoerzeugnissen ist unzulässig.

Auch bei diesen Waren sind an die verwendete Schokolade oder Tunkmasse die gleichen, oben angeführten Anforderungen zu stellen.

Ein Grauwerden der Oberfläche von Schokoladen und Schokoladewaren, das seine Ursache im Auskristallisieren (Ausblühen) von Fett oder Zuckerteilchen hat und durch Temperatureinflüsse hervorgerufen wurde, beeinflußt lediglich das Aussehen der Ware.

h) Kakaobutter

Kakaobutter ist das aus Kakaomasse durch Abpressen ohne chemische Behandlung gewonnene Fett. Sie findet außer in der Schokoladefabrikation auch in der Heilkunde und bei der Herstellung kosmetischer Mittel Verwendung. Bei gewöhnlicher Temperatur ist sie ein hartes, gut haltbares Fett mit muscheligem Bruch und gelblicher Farbe, gekennzeichnet durch den ihr eigenen Geruch und angenehmen Geschmack. Durch Ausziehen mit Lösungsmitteln gewonnenes Kakaofett darf nicht als Kakaobutter bezeichnet und Kakaoerzeugnissen nicht zugesetzt werden.

Die wichtigsten Fettsäuren, deren Glyzeride die Kakaobutter bilden, sind die Palmitinsäure (23 bis 25%), Stearinsäure (31 bis 35%), Ölsäure (43 bis 45%) und etwa 2% Linolsäure. An unverseifbaren Bestandteilen enthält sie bis 0,5%. Der Säuregehalt soll nicht über 8 ccm n-Lauge für 100 g Fett betragen.

Die analytischen Kennzahlen sind:

Refraktometerzahl bei 40° C	46 bis 47,2
(bei einem 6 nicht übersteigenden Säuregrad)	
Jodzahl (nach *v. Hübl*)	33 „ 38
Verseifungszahl (*Köttstorfer*)	193 „ 197
Reichert-Meißl- u. *Polenske*-Zahl ...	unter 1
A- und B-Zahl nach *Kuhlmann* u. *Großfeld*	unter 0,1 bzw. unter 0,4
Schmelzpunkt des Fettes	32 bis 34,5° C
Schmelzpunkt der freien Fettsäuren	49 „ 52° C
Erstarrungspunkt des Fettes	21 „ 27° C
Erstarrungspunkt der freien Fettsäuren	48 „ 50° C

Die Behandlung der Bohnen (Darren mit oder ohne Alkalizusatz, Rösten) sowie die Fettgewinnung durch Pressung vermögen die Kennzahlen der Kakaobutter gegenüber dem aus den geschälten Bohnen mit Äther-Petroläther ausgezogenen Fett nicht in nennenswertem Ausmaße zu beeinflussen.

Anmerkung: Kakaoerzeugnisse mit einem (auch gekennzeichneten) Zusatz von Stoffen, welchen diätetische oder medizinische Wirkung zugeschrieben wird, sind je nach Art des Zusatzes als „Diätetisches Mittel" oder als „Pharmazeutische Spezialität" anzusehen und entsprechend zu kennzeichnen bzw. im letzteren Falle dem Apothekenvertrieb vorbehalten.

i) Präparate und Nährmittel mit Kakao

Mischungen aus Kakaoerzeugnissen mit anderen Nährmitteln und Präparaten, wie geröstetem Malzmehl, Hafermehl, Eichelmehl u. ä. dürfen eine die Worte Kakao oder Schokolade enthaltende Bezeichnung nur tragen, wenn der Gehalt an Kakaobestandteilen mindestens 35% beträgt, wobei die Worte Kakao oder Schokolade nicht in einer zur Täuschung geeigneten Form oder Verbindung gebraucht werden dürfen, wie z. B. Sparschokolade, Reformkakao u. ä. Bezeichnungen mehr.

Kakaoerzeugnisse für Diabetiker sind statt mit Zucker mit künstlichem Süßstoff versüßt und müssen entsprechend gekennzeichnet sein.

Trinkfertige Zubereitungen mit Kakao oder Schokolade gelten nicht als Kakaoerzeugnisse im Sinne vorstehender Ausführungen; die zur Herstellung verwendeten Stoffe müssen den im Österr. Lebensmittelbuche gestellten Anforderungen entsprechen.

2. Probeentnahme

Die zur Untersuchung des Kakaos und seiner Erzeugnisse erforderliche Menge beträgt mindestens 200 g, bei Waren mit Zusätzen (S. 19) insbesondere, wenn die Überprüfung des Fettes in Betracht kommt, 500 g. Bei der Musterziehung ist besondere Sorgfalt auf die Erzielung einer möglichst richtigen Durchschnittsprobe zu verwenden. Bei Waren in Paket- oder Tafelform ist eine entsprechende Zahl an Originalpaketen oder Tafeln zu entnehmen.

Für die Aufbewahrung und Versendung der Muster eignen sich dicht schließende Glasgefäße, insoweit nicht Originalpakete vorliegen. Bei Kakaobutter sind etwa 150 g durch Ausschneiden oder Ausstechen größerer Stücke aus den zu bemusternden Blöcken zu entnehmen, die in wasser- und fettdichten Gefäßen oder Umhüllungen aufzubewahren und zu versenden sind.

3. Untersuchung

A. Sinnenprüfung

Aufmerksamkeit verdienen alle Fehler in Geruch und Geschmack, sowie alle Kennzeichen beginnender oder fortgeschrittener Verderbnis. Zu empfehlen ist, die Ware, erforderlichenfalls in geraspeltem Zustande, in verschlossenem Gefäße auf 30 bis 40° C zu erwärmen und dann den Geruch festzustellen.

B. Mikroskopische Kennzeichen

1. Kakaobohnen

Sie bestehen aus den Keimblättern, dem Nährgewebe und der Samenschale. Die Keimblätter werden gebildet:

a) aus der Epidermis, bestehend aus polyedrischen, eng anschließenden Zellen mit körnigem Inhalt, die öfters zu keulenförmigen, mehrzelligen Gebilden, den „*Mitscherlich*schen Körperchen“ sich entwickeln, welche sich sehr leicht von der Epidermis ablösen;

b) aus dem Parenchym, bestehend aus polyedrischen, dünnwandigen, 20 bis 40 μ großen Zellen mit unentwickelten Leitbündeln. Die Zellen sind zumeist mit öligem Plasma angefüllt und enthalten Stärke und Aleuronkörner. Die kleinkörnigen, 4 bis 12 μ großen, rundlichen Stärkekörner sind zu Zwillingen oder Drillingen zusammengesetzt. Die in der Regel 6 μ großen Aleuronkörner enthalten Kristalloide und Globoide. Das Parenchym führt unregelmäßig verteilte Zellen (Pigmentzellen), die einen in Chloralhydrat oder Säuren mit roter Farbe löslichen Farbstoff (Kakaorot) führen.

Das den Keimblättern anhaftende Würzelchen besteht aus einer derben Oberhaut, einem dünnwandigen, fett- und plasmareichen, kleinzelligen Parenchym mit zarten Gefäßbündeln und Spiraltracheen.

Das Nährgewebe besteht aus zwei Schichten: einer äußeren, aus kleinen polygonalen Tafeln, die nicht in die Falten der Keimlappen eindringen, und einer inneren Schicht, aus dünnwandigen, tangential gestreckten, farblosen Zellen, die in die Keimlappen eindringen.

Die Samenschale führt mehr oder weniger anhaftende Teile der inneren Fruchtwand. Sie läßt im wesentlichen folgende Schichten erkennen:

a) Reste von Fruchtfleisch, bestehend aus langgestreckten, meist schlauchförmigen, sehr zartwandigen Zellen;

b) das Endokarp, aus schmalen, zarten, schräggelagerten Zellen;

c) die Samenoberhaut, aus großen, derben, polyedrischen Zellen mit verdickter Außenwand;

d) das Schwammparenchym, eine breite Schicht von vielfachgestalteten, ziemlich großen, oft sternförmigen, innen zusammengedrückten oder geschrumpften Zellen mit dünner Zellwand. Zu dieser Schicht gehören, knapp unter der Samenoberhaut liegend, gut gekennzeichnete, oft bis zu 0,8 mm große, länglich gestreckte, quellfähige Zellen (Schleimzellen), die mehrfach durch zarte Scheidewände geteilt sind, weiters zarte Gefäßbündel (Leitbündel) mit zahlreichen engen Spiralgefäßen, endlich eine einfache Lage kleiner polyedrischer, scharfkantiger, etwa 10 bis 12 μ breiter und ebenso langer, im Querschnitt nach innen hufeisenförmig verdickter, verholzter Zellen (Steinzellenschicht, Sklereidenschicht);

e) vereinzelt in den Gewebsresten an den Samen und in der Schale, besonders zwischen der Steinzellenschicht und der Gefäßbündelzone liegende, stark verholzte, mehr oder weniger große, isodiametrische Sklerenchymzellen.

2. Kakaoerzeugnisse

Kakaopulver oder kakaohaltige Erzeugnisse sind vor der mikroskopischen Untersuchung zu entfetten. Von der gut durchgemischten Probe fertigt man Präparate in Wasser und Chloralhydrat an. Ein fast schalenfreies Kakaoprodukt zeigt im mikroskopischen Bild vorwiegend kleine, oft zusammengesetzte Stärkekörner neben sehr kleinen Aleuronkörnern und vereinzelt vorkommende bräunlich-rote Pigmentzellen. Fragmente von Kakaoschalen sind durch die derbwandigen, polyedrisch gestreckten Samenoberhautzellen, durch die engen Spiralgefäße und die charakteristische Steinzellenschicht leicht erkennbar. Auch etwa vorkommende, stets zertrümmerte Schleimzellen lassen sich zum Nachweis von Kakaoschalen heranziehen. Man findet sie als helle Flecken vor, die oft auf einer oder zwei gegenüberliegenden Seiten von braunen Gewebsresten begrenzt sind. Man kann Schleimzellenfragmente in der Weise kenntlich machen, daß man die Probe mit wenig verdünnter flüssiger Tusche rasch vermengt und sofort untersucht. Der Schleim quillt und erscheint als lichte Stelle im dunklen Gesichtsfelde. Besonders auch etwa vorhandene Sklerenchymzellen von verschiedener, oft auffallender Gestalt sind ein Kennzeichen für die Anwesenheit von Kakaoschalen. Die Menge der Schalenteilchen läßt sich durch den Vergleich des zu prüfenden Musters mit Gemischen von reiner Ware und fein gemahlener Schale annähernd abschätzen.

Besser ist das Auszählen der Sklereiden der Steinzellenschicht, ein Verfahren, das nach verschiedenen Methoden[1]) durchgeführt werden kann. Das Wesen dieser Methoden besteht darin, daß man durch Auszählen die auf 1 mg fettfreier Trockensubstanz kommende Menge an Sklereiden bestimmt und unter Heranziehen des Höchstwertes an Sklereiden, der in den Schalen der verschiedenen Kakaosorten in 1 mg fettfreier Schalentrockensubstanz ermittelt wurde, die Menge an Kakaoschalen errechnet.

Zusätze von zerkleinerten Haselnuß-, Mandel- oder Erdnußkernen sind in Kakaopräparaten nur dann leicht erkennbar, wenn Teile ihrer charakteristischen Samenhaut auffindbar sind. Fehlt diese und sind auch die dünnwandigen Zellen des Samenkernes infolge weitgehender Zerkleinerung zum größten Teil zerstört, so gibt oft die Größe und Form der Aleuronkörner Aufschluß[2]). Die Aleuronkörner des Kakaos sind in der Regel 6 μ, selten bis 10 μ groß, die der Haselnuß, Erdnuß, Mandel, Walnuß oder Kokosnuß im allgemeinen viel größer. Da die Walnußkerne fast nie geschält werden, kann bereits die Auffindung der gelben bis bräunlichen Samenhaut, die aus dünnwandigen, polygonalen, mitunter gefächerten Zellen mit breiten, fast kreisrunden Spaltöffnungen besteht, zu ihrem Nachweis dienen. Bei einem Zusatz zerkleinerter Kokosnußsamen sind stets Fragmente der sehr großen (bis 300 μ), dünnwandigen und zumeist gestreckten Parenchymzellen

---

[1]) Archiv für Chemie und Mikroskopie 1916, 9, 31; Zeitschrift für Untersuchung der Nahrungs- und Genußmittel, sowie der Gebrauchsgegenstände 1917, Bd. 33, S. 38; ebenda, 1924, Bd. 48, S. 207; ebenda 1925, Bd. 50, S. 307; ebenda 1925, Bd. 51, S. 185; ebenda 1925, Bd. 51, S. 249; ebenda 1927, Bd. 53, S. 483; ebenda 1929, Bd. 57, S. 525.

[2]) Zeitschrift für Untersuchung der Lebensmittel, 1930, Bd. 60, S. 395.

des Endosperms feststellbar. Zum Aufsuchen und zur Kenntlichmachung der Aleuronkörner kann folgende Methode dienen:

Eine kleine Probe der entfetteten Substanz wird in einem Zentrifugenröhrchen von etwa 30 ccm Fassungsraum mit 4-prozentiger Sublimatlösung gut geschüttelt und dann etwa 10 Minuten lang stehen gelassen; hierauf wird zentrifugiert und die überstehende Flüssigkeit abgegossen. Um vorhandenen Zucker in Lösung zu bringen, behandelt man die Probe nachher in der gleichen Weise mit kaltem Wasser. Nun wird die Substanz mit 95-prozentigem Alkohol und dann mit Äther durchgeschüttelt. Nach dem Trocknen wird gut durchgemischt, von der so vorbereiteten Probe werden Präparate durch Einlegen in kalt gesättigte Rohrzuckerlösung, die in 100 ccm 0,5 g Jod und 2 g Kaliumjodid gelöst enthält, angefertigt. Stärkekörner erscheinen hiebei fast schwarz, die Aleuronkörner gelb gefärbt.

Reine Kakaopräparate zeigen im mikroskopischen Bild wenige kleine Aleuronkörner mit sehr kleinem, stark lichtbrechendem Einzelkristall. Die Form des Kornes ist fast kreisrund. Oxalatdrusen fehlen. Entschälte Haselnußkerne lassen sich an den über 18 μ (bisweilen bis 30 μ) großen Aleuronkörnern, die kreis- bis länglichrund geformt sind, erkennen. Sie führen auch runde, glatte oder warzige Globoide und namentlich in den größeren Körnern je eine Oxalatdruse. Entschälte Mandel- und Erdnußkerne besitzen gleich der Haselnuß außer kleinen, vorwiegend rundlichen auch größere, jedoch nicht über 17 μ große Aleuronkörner. Die Aleuronkörner des Walnußsamens sind unregelmäßig rundlich oder kantig, vorwiegend klein, jedoch solche von 10 bis 12 μ nicht selten. Außer Globoiden findet man in ihnen auch Kristalloide. Um Walnußkerne sicher als solche zu erkennen, müssen Teilchen der Samenhaut nachgewiesen werden können. Die im Endosperm der Kokosnuß vorkommenden Aleuronkörner sind vorwiegend groß und enthalten Kristalloide, und zwar nur je eines im Korn und bisweilen bis 25 μ groß. Im Kakao sind die Aleuronkörner der Kokosnuß sehr selten wahrnehmbar; man ist daher mehr auf die Auffindung der langgestreckten großen Endospermparenchymzellen angewiesen.

C. Chemische Untersuchung

1. Vorprüfung

Bestimmung der Reaktion. Etwa 2 g Substanz werden im Probierröhrchen mit 5 ccm Wasser aufgekocht und die Reaktion der Lösung festgestellt. Mit Ammonsalzen behandelte Ware mit Magnesiumoxydaufschlämmung in verschlossener Röhre erhitzt, bläut rotes Lackmuspapier.

2. Wasser

Die Bestimmung des Wassers hat durch Ermittlung des Gewichtsverlustes ohne Vortrocknung in 5 g der Probe durch dreistündiges Trocknen bei 105° C zu erfolgen.

3. Fett

a) *Fettbestimmung.* 5 g Kakao oder entsprechende Mengen eines Kakaoerzeugnisses werden nach Vortrocknen im Soxhletapparat mit Petroläther (S. P. unter 50° C) bis zur Erschöpfung extrahiert (10 bis 14 Stunden). Man trocknet das Fett nach dem Verjagen des Lösungsmittels im Vakuum bei 100° C durch 3 Stunden und wiegt es nach dem Erkalten.

b) *Fettuntersuchung.* Eine für die Untersuchung hinreichende Menge der Kakaoware wird wie unter a) extrahiert und im allgemeinen nach den Methoden, wie sie für Fette und Öle in Heft XI und XII des Österreichischen Lebensmittelbuches, II. Aufl., Seite 38ff. angeführt sind, untersucht. Im besonderen ist hiebei folgendes zu beachten bzw. auszuführen:

1. Reibeprobe. Einige Gramm gut erstarrten Fettes werden bei 15 bis 18° C im Porzellanmörser mit einem Porzellanpistill unter leichtem Druck zerrieben. Reine Kakaobutter bröckelt hiebei oder backt leicht zusammen, während verfälschte Kakaobutter eine mehr oder weniger schmierige Masse bildet.

2. Gehalt an freien Fettsäuren (Säuregrad). 5 g Fett werden in 30 ccm neutralem Alkohol-Äthergemisch (1 : 1) gelöst und mit 0,1 n-wässeriger, kohlensäurefreier Lauge titriert (Indikator: Phenolphtalein). Der Säuregrad wird in ccm Normallauge für 100 g Fett ausgedrückt. Er soll in normaler Ware 8 nicht überschreiten.

Die Kennzahlen der Kakaobutter werden wesentlich von den durch den Säuregrad erfaßbaren Zersetzungserscheinungen beeinflußt, daher ein Kakaofett mit erhöhtem Säuregrad (über 6) erst nach Entsäuerung zur weiteren Untersuchung verwendet werden kann. Die Entsäuerung erfolgt vorteilhaft in Verbindung mit der Ermittlung des Säuregrades. Die am besten mit Barytlauge neutralisierte Fettlösung wird mit rund 30 ccm Petroläther versetzt, vom Bodensatz in einen Scheidetrichter abgegossen, mehrmals mit Wasser gewaschen, die filtrierte Fettlösung auf dem Wasserbade vom Lösungsmittel befreit und wie oben getrocknet.

3. Verseifungszahl nach *Köttstorfer* und Jodzahl nach *v. Hübl.*

Refraktometerzahl (R) und Jodzahl (J) sind bei gleicher Verseifungszahl (V) proportionale Größen. Für reine Kakaobutter gilt für die Beziehungen dieser drei Kennzahlen:

$$J = 7{,}10\ R + 0{,}76\ V - 441{,}6.$$

4. *Reichert-Meißl*-Zahl.

Ihre Bestimmung ist bei Milchschokoladen notwendig zum Nachweis des Milchfettes und zu dessen Mengenbestimmung.

$$\frac{\text{R. M. Z.} \times \text{Fettgehalt}}{26} = \text{Milchfett.}$$

5. A- und B-Zahl.

Durchschnittliche Werte für:

	Kakaobutter:	Milchfett:	Kokosfett:
A-Zahl	unter 0,1	6,0	27,7
B-Zahl	unter 0,4	32,5	2,7

Eine Zunahme der A-Zahl um eine Einheit entspricht einem Zusatz an Kokosfett von etwa 3,6%. Ein Ansteigen der B-Zahl um eine Einheit deutet auf eine Zugabe von Milchfett im Ausmaße von etwa 3% hin.

Die ungefähre Berechnung von Kokosfett in Kakaobutter erfolgt nach der Gleichung:

$$K = 0{,}04\ \mathrm{A} - 0{,}02\ \mathrm{B};$$

die für Milchfett in Kakaobutter:

$$M = 0{,}05\ (\mathrm{B} - 2\ \mathrm{A}).$$

6. Schmelz- und Erstarrungspunkt des Fettes und der Fettsäuren.

Der Schmelzpunkt des Kakaofettes wird erst bestimmt, wenn es mindestens 48 Stunden im Schmelzröhrchen bei niedriger Temperatur (unter + 5° C) gelagert hat. Die Bestimmung des Schmelzpunktes, d. h. der Temperatur, bei der das Fett vollkommen klar geworden und in den tropfbar flüssigen Zustand übergegangen ist, wird mit Vorteil in geraden, 1 bis 1,5 mm weiten Röhrchen ausgeführt.

Der Erstarrungspunkt ist der Temperaturgrad, den erstarrende Fette (Fettsäuren) bei Wärmeentziehung von außen längere Zeit unverändert beibehalten. Er wird im *Shukoff*schen Apparat ausgeführt, dessen Kölbchen eine Höhe von 10 cm, eine lichte Weite von 3 cm hat. Man füllt das Kölbchen mit geschmolzenem Fett vollständig an, befestigt das Thermometer derart, daß die Kugel in der Mitte des Gefäßes steht und läßt auf etwa 5° über dem zu erwartenden Erstarrungspunkt abkühlen, schüttelt dann bis zur auftretenden Trübung und beobachtet das Fallen der Temperatur.

7. Unverseifbarer Anteil. 5 g Fett werden mit 1 ccm 40-prozentiger Lauge und 40 ccm Alkohol vollständig verseift und hierauf der Alkohol abgedunstet. Der Rückstand wird mit entwässertem Natriumsulfat und Bimsstein verrieben und die trockene Seife mit Petroläther (Siedepunkt unter 50° C) ausgezogen. Die Lösung wird zwei- bis dreimal mit je 15 ccm neutralem Alkohol von 50 Volumprozenten laugefrei gewaschen, dann das Lösungsmittel abgedunstet und der Rückstand bei 105° C bis zum konstanten Gewichte getrocknet und gewogen.

8. Fremdfettnachweis. Die Jodzahl der nach *Twitchell* abgeschiedenen festen Fettsäuren der Kakaobutter beträgt 6 bis 10 und kann nicht zur Unterscheidung herangezogen werden.

Als Vorprüfung werden 5 g Fettsäuren in 50 ccm Alkohol gelöst und alkoholische Kalilauge zugefügt, bis die erste Trübung auftritt. Man bringt die Seifen durch Erwärmung in Lösung und überläßt sie nun der Kristallisation. Von den abfiltrierten, mit Äther gewaschenen Kaliseifen werden durch Mineralsäure die Fettsäuren abgeschieden und nach Umlösen in Alkohol ihr Schmelzpunkt bestimmt.

Zur genaueren Bestimmung werden 10 g Fett mit 50 ccm absolutem Alkohol und 2 ccm konzentrierter Schwefelsäure 20 Minuten auf dem Wasserbade erwärmt. Unter Kühlung wird mit 5 ccm 40-prozentiger Lauge die Säure abgestumpft, dann die Hauptmenge des Alkohols abgedunstet, der Rückstand mit heißem Wasser versetzt und filtriert. Der Filterrückstand wird mit heißem Wasser gut gewaschen und das Estergemisch getrocknet. Zur Überprüfung werden nun im Vakuum $^4/_5$ des Äthylestergemisches abdestilliert, der Rückstand verseift und zur Entfernung des unverseifbaren Anteils mit einem Äther-Petroläther-Gemenge gut gewaschen. Die freien Fettsäuren werden aus Alkohol umgelöst und der Schmelzpunkt bestimmt. Ein Schmelzpunkt von mehr als 72° C kennzeichnet die Anwesenheit höherer Homologen der Fettsäuren (Arachin- oder Lignocerinsäure aus Hartfett).

Anderseits werden 1,5 g Fett in 3 ccm Tetrachlorkohlenstoff gelöst, dann Brom bis zur bleibenden Gelbfärbung (kein Überschuß) zugesetzt. Die Lösung wird klar filtriert und mit dem gleichen Raumteil Petroläther vorsichtig überschichtet: Bildung einer Trübung im Petroläther kennzeichnet die Gegenwart noch von 5% Illipé- oder Bankafett. Bei vorheriger Abscheidung und Prüfung des Unverseifbaren ist die Reaktion schärfer und sind 2% dieses Fettes noch nachweisbar.[1])

4. Zucker

a) Rohrzucker

Bei der Bestimmung der Saccharose im Saccharimeter nach *Scheibler-Ventzke* wird das halbe Normalgewicht, bei Verwendung von Apparaten mit Kreisgradteilung werden 10 g der fettbefreiten Ware zweimal abgewogen und in ein 100 ccm-, bzw. in ein 200 ccm-Kölbchen gebracht, mit etwas Alkohol befeuchtet, mit warmem Wasser übergossen und gut durchgeschüttelt; darauf fügt man je 4 ccm Bleiessig zu, schüttelt gut durch, läßt abkühlen, füllt beide Kölbchen bis zur Marke auf, mischt, filtriert durch trockene Filter und polarisiert bei 20° C im 200 mm-Rohr. Unter rechnungsmäßiger Ausschaltung des durch den unlöslichen Anteil bedingten Polarisationsfehlers nach der Formel: $x = 100\,(\alpha - 2\beta) : (\alpha - \beta)$, wobei α die Polarisation der Lösung im 100 ccm-Kölbchen und β die Polarisation der Lösung im 200 ccm-Kölbchen bedeutet, ergibt sich die wahre Polarisation im

[1]) *Colombien* und *Chaje*, Ann. de Fals., XXXI, S. 91.

Saccharimeter aus der Formel $\alpha\beta : (\alpha - \beta)$ und der Zuckergehalt in Prozenten aus $2\alpha\beta : (\alpha - \beta)$. Bei Apparaten mit Kreisgradteilung und 10 g Einwage berechnet man den Rohrzucker in Prozenten nach der Formel $R = 7{,}5\alpha\beta : (\alpha - \beta)$, wobei wieder α die Polarisation aus dem 100 ccm-, β die aus dem 200 ccm-Kölbchen darstellt.

b) Milchzucker

Ist neben Rohrzucker Milchzucker vorhanden, so wird die Polarisation vor und nach der Inversion des Rohrzuckers durchgeführt. Dazu werden 13 g in Lösung gebracht, mit 5 ccm Bleiessig gefällt und 2 ccm gesättigte Natriumphosphatlösung nebst 1 bis 2 Tropfen Ammoniak, um die Mutarotation des Milchzuckers aufzuheben, hinzugefügt. Nach längerem Stehen wird zur Marke aufgefüllt, durchgeschüttelt, filtriert und polarisiert (α). 50 ccm der Lösung werden im 100 ccm-Kölbchen mit 10 ccm Salzsäure vom spezifischen Gewicht 1,125 versetzt, mit Wasser auf 75 ccm gebracht, im siedenden Wasserbad innerhalb 2 bis 3 Minuten auf 68° C erhitzt und 5 Minuten bei 68 bis 70° C erhalten; sodann wird die Lösung sofort gut gekühlt, neutralisiert, aufgefüllt, geschüttelt und polarisiert (α_1). Nach *Clerget* ergibt sich, bei 20° C im *Ventzke*-Apparat polarisiert, der Rohrzucker unter Berücksichtigung der jeweiligen Verdünnungen aus der Gleichung:

$$R = 1{,}5\,(\alpha - 2\,\alpha_1).$$

Es ist dann noch der aus dem unlöslichen Anteil nach 4 a) berechnete Faktor zu berücksichtigen.

In Apparaten mit Kreisgradteilung berechnet man den Rohrzucker nach der Formel: $R = 5{,}71\,(\alpha - 2\,\alpha_1)$.

Die dem Rohrzucker entsprechende Drehung wird von der gefundenen Drehung aus der ersten Polarisation (α) in Abzug gebracht, die Mehrdrehung ergibt den Milchzucker: 1 *Ventzke*-Teil entspricht 0,33 g (bei Einwage des ganzen Normalgewichtes) oder ein Kreisgrad 0,9518 g Milchzucker. Die durch Multiplikation der gefundenen Milchzuckermenge mit 1,9 erhaltene Zahl wird als fettfreie Milchtrockenmasse in Rechnung gestellt. Im Bedarfsfalle ist aus der Menge des Milchzuckers und der Milchproteine[1]) die wahre Menge der Milchtrockenmasse zu ermitteln.

5. Stärke

5 bis 10 g der zu untersuchenden Probe werden von Fett und, wenn notwendig, von wasserlöslichen Anteilen befreit. Der Rückstand wird mit 100 ccm Wasser versetzt, 20 ccm Salzsäure ($d = 1{,}125$) dazu-

---

[1]) Zeitschrift für Untersuchung der Nahrungs- und Genußmittel, sowie der Gebrauchsgegenstände, 1901, Bd. 58, S. 13; ebenda 1922, Bd. 44, S. 296.

gegeben und die Stärke durch dreistündiges Erhitzen im siedenden Wasserbade abgebaut. Nach dem Abkühlen filtriert man in einen 500 ccm-Kolben, neutralisiert und füllt bis zur Marke auf.

In einem aliquoten Teil des Filtrates (25 ccm) bestimmt man die Dextrose (nach *Meißl*). Die gefundene Dextrose mit 0,9 multipliziert, ergibt die Menge der Stärke.

6. Rohfaser

Ungefähr 2 bis 3 g der entfetteten und trockenen Probe werden genau gewogen, in einen Glaskolben von etwa 600 ccm Inhalt gebracht und mit 200 ccm = 250 g Glyzerin von 1,23 spezifischem Gewicht und 2,2 ccm = 4 g konzentrierter Schwefelsäure am Rückflußkühler eine Stunde lang auf 130 bis 133° C erhitzt. Hierauf läßt man auf 80 bis 100° C erkalten, verdünnt durch Zusatz von 200 bis 250 ccm heißen Wassers und filtriert mit Hilfe der Saugpumpe sofort, also heiß, in geeigneter Weise durch grobfaserigen Asbest. — Hiezu eignet sich ein mit einer Siebplatte und mit grobfaserigem Asbest beschicktes, einem *Allihn*schen Zuckerbestimmungsröhrchen ähnlich geformtes, oben trichterförmig erweitertes Filterrohr. Dieses setzt sich aus dem etwa 10 cm langen und 1 cm breiten Ablaufrohr und aus einem zylindrischen, 8 cm hohen und 5 cm breiten Teil zusammen, der sich nach oben hin trichterförmig bis zu einem Durchmesser von 12 cm erweitert. Die Höhe des trichterförmig erweiterten Teiles beträgt 9 cm. Der zylindrische Teil besitzt einen ebenen Boden, um für die Siebplatte eine passende Unterlage zu bieten. Der Asbest muß grobfaserig (feinfaseriger ist ungeeignet) und etwa 1 cm hoch auf der Siebplatte locker geschichtet sein. — Der Rückstand wird mit etwa 500 ccm heißem Wasser, dann mit etwa 50 ccm 95-prozentigem Alkohol und schließlich mit Äther so lange gewaschen, bis das Filtrat vollkommen farblos ist. Der so ausgewaschene und noch ätherhaltige Rückstand wird sogleich samt dem Asbest mit Hilfe eines Glasstabes oder einer Pinzette — allfällige an der Trichterwandung und Siebplatte haftende Rohfaser- und Asbestteilchen werden mittels eines entsprechend langen, dünnen und mit etwa 1,5 cm langen, festsitzenden Borsten versehenen Pinsels — vorsichtig und quantitativ in eine Platinschale gebracht und nach Abdunsten des Äthers bei 105° C getrocknet. Man läßt in einem gut schließenden Exsikkator 20 Minuten stehen, wägt rasch und überzeugt sich von der Konstanz durch nochmaliges Trocknen und Wägen. Dann wird der Rückstand bis zum Weißwerden verascht und nach 20 Minuten langem Stehen im Exsikkator wieder rasch gewogen. Die Differenz der Wägungen vor und nach dem Veraschen des Rückstandes ist das Gewicht der aschefreien Rohfaser, welches auf die ursprüngliche Probemenge umzurechnen ist.

7. Theobromin und Koffein

5 g der mit Petroläther entfetteten Probe werden nach *Kunze*[1]) mit 50 ccm n-Schwefelsäure zur Zerlegung des Glukosids 30 Minuten am Rückflußkühler gekocht; hierauf wird mit Barythydrat neutralisiert und unter Zusatz von Sand am Wasserbad zur Trockene gebracht. Der Trockenrückstand wird im *Soxhlet*schen Extraktionsapparat mit Chloroform extrahiert (5 bis 6 Stunden), dieses sodann durch Destillation entfernt und der Rückstand 1 Stunde bei 100° C getrocknet. Werden die so gewonnenen Rohalkaloide mit Tetrachlorkohlenstoff aufgerührt, die Lösung abgegossen und diese Behandlung noch zwei- bis dreimal wiederholt (Gesamtverbrauch etwa 100 ccm Tetrachlorkohlenstoff), so geht das Koffein in Lösung. Das zurückbleibende Theobromin wird in heißem Wasser gelöst, die filtrierte Lösung in gewogener Schale zur Trockene gebracht und das bei 100° C getrocknete Theobromin gewogen. Auch das Koffein wird nach Entfernung des Lösungsmittels eventuell durch Lösen in heißem Wasser und Filtration gereinigt, der Rückstand nach Abdampfen des Wassers bei 100° C getrocknet und gewogen.

8. Stickstoffsubstanz

Die Bestimmung wird in der ursprünglichen Substanz (3 g bei Kakao, 5 g bei Kakaoerzeugnissen) nach *Kjeldahl* ausgeführt und die Gesamtstickstoffsubstanz ($N \times 6{,}25$) berechnet.

9. Mineralstoffe (Asche) und „Sand"

5 g der Probe werden bei ganz schwacher Rotglut verascht und der Rückstand gewogen. Die Asche wird mit etwa 10 ccm 10-prozentiger Salzsäure unter Vermeidung einer Konzentrierung aufgekocht (5 Minuten) und die Lösung vom ungelösten Anteil durch Filtration geschieden; der Filterrückstand wird mit heißem Wasser gewaschen, getrocknet und geglüht. Der gewogene Rückstand ergibt den in Salzsäure unlöslichen Anteil („Sand").

10. Alkalität

a) Wasserlösliche Alkalität. Die Asche wird mit heißem Wasser in ein 100 ccm-Meßkölbchen gespült, 20 Minuten aufgekocht, die Flüssigkeit nach dem Erkalten auf 100 ccm gebracht, gut gemischt und filtriert. In einem entsprechenden Teil des Filtrates wird die Alkalität festgestellt, indem man 0,5 n-Salzsäure im Überschuß zusetzt und mit Lauge zurücktitriert.

b) Gesamtalkalität nach *Farnsteiner*.[2]) Ein entsprechender Aschenanteil p (etwa 0,2 bis 0,3 g) wird in 10 ccm 0,5 n-Salzsäure gelöst,

---

[1]) Zeitschr. f. analyt. Chemie 1894, S. 1.

[2]) Zeitschrift für Untersuchung der Nahrungs- und Genußmittel, sowie der Gebrauchsgegenstände, 1907, Bd. 13, S. 322.

mit 20 bis 30 ccm heißem Wasser in ein 100 ccm-Meßkölbchen gebracht und kurze Zeit (5 bis 6 Minuten) aufgekocht. Nun gibt man 10 ccm 0,5 n-Ammoniakflüssigkeit und 15 ccm einer Chlorkalziumlösung, die 75 g trockenes Chlorkalzium und 20 g Chlorammonium im Liter enthält, zu, kühlt auf 20° C ab und füllt auf. Nach kräftigem Umschütteln läßt man absitzen, hebt von der klaren Flüssigkeit 50 ccm ab und titriert gegen Methylorange mit Salzsäure. Aus der verbrauchten Menge Salzsäure auf Normalsalzsäure umgerechnet (x), ergibt sich für 1 g Asche die wahre Alkalität zu $\frac{x}{p}$ ccm n-Säure.

11. Künstliche Farbstoffe

Da zumeist fettlösliche Farbstoffe in Anwendung kommen, so können sie aus dem Fett nach Entfernung des Lösungsmittels (Schwefelkohlenstoff) mit Amylalkohol ausgeschüttelt werden oder man zieht mit Alkohol aus, fällt den Kakaofarbstoff mit Bleiessig und zieht die Teerfarbe des Filtrates auf Wolle auf.

12. Finanztechnische Untersuchung

Für die Bestimmung des Zuckers und der Kakaobestandteile erfolgt die Untersuchung nach den Bestimmungen des Erlasses des Finanzministeriums vom 5. Mai 1902, RGBl. Nr. 102.

4. Beurteilung

Als gesundheitsschädlich sind Waren zu bezeichnen, die gesundheitsschädliche oder gesundheitsgefährdende Stoffe, z. B. unzulässige Konservierungsmittel enthalten. Desgleichen Waren, die nach ihrer Beschaffenheit geeignet erscheinen, Ekelgefühle zu erregen und dadurch unter Umständen Gesundheitsstörungen zu bewirken.

Als verdorben sind Roh- und Halbfabrikate wie Fertigwaren (auch Kakaobutter) anzusehen, wenn sie verschimmelt, durch Fäulnis, Brandgeruch oder Insektenfraß in ihrem natürlichen Zustande verändert oder wenn sie beschmutzt sind, weiters wenn ihr Geruch und Geschmack dumpfig ist oder anderweitig gelitten hat, z. B. ranzig oder bitter ist.

Als verfälscht sind zu bezeichnen:

Kakaopulver mit einem nicht gekennzeichneten Zusatz von Zucker aller Art; mit einem höheren als dem technisch nicht vermeidbaren Gehalt an Schalen oder Keimen; mit einem Zusatz von fremder Stärke oder Mehl, dann von unzulässigen Mineralstoffen und von Farbstoffen aller Art; unaufgeschlossene Ware mit mehr als 10% Asche in der fettfreien Trockenmasse einschließlich 2% wasserlöslicher kohlensaurer Alkalien (berechnet als Kaliumkarbonat oder 30 ccm Normalsäure); Ware, aufgeschlossen mit Salzen, die in der Asche erscheinen, mit mehr als 16,6% Asche (die Alkalität des wasserlöslichen Anteiles dieser Asche darf 120 ccm Normalsäure für 100 g fettfreier Trockenmasse nicht überschreiten); mit mehr als 9% Wasser im fertigen Handelsprodukt, weiters mit mehr als 0,3% Sand oder mit mehr als 9% Rohfaser in der fettfreien Kakaotrockenmasse.

Als verfälscht gelten auch Schokoladen mit weniger als 40% Kakaobestandteilen, Kakaomassen mit weniger als 45% Kakaobutter, Tunkmassen mit weniger als 35% Kakaobutter und weniger als 17,5% fettfreier Kakaotrockenmasse, weiters Bitterschokoladen, die einen Zusatz von unschädlichen Bitterstoffen ohne entsprechende Kennzeichnung erhalten haben, desgleichen Kakaoerzeugnisse, denen Fremdstoffe zugesetzt wurden oder die in der Masse künstlich gefärbt sind, endlich Kakaobutter, die fremde Fette, Öle oder Extraktionsfett (S. 19) enthält oder anderweitige Zusätze erhalten hat.

Für Kakaomassen und Schokoladen gelten, soweit die Beurteilung bezüglich der Zusammensetzung der fettfreien Kakaotrockenmasse in Betracht kommt, ebenfalls die oben aufgestellten Bedingungen.

Als falsch bezeichnet zu beurteilen sind:

Kakaopulver mit einem geringeren Fettgehalt als 20% in der Trockenmasse, wenn sie nicht als „Magerkakao“ bezeichnet sind, sowie Magerkakao mit weniger als 10% Fett ohne genaue Angabe des Fettgehaltes;

Schokoladen und Tunkmassen mit einem nicht oder nicht richtig gekennzeichneten Zusatze der unter c) und d) (S. 17 u. 18) angeführten zulässigen Zusätze, soferne deren Menge mehr als 5% beträgt; gefüllte und in Tafeln geformte Schokoladen, die weniger als 25% des Gesamtgewichtes an Tunkmasse haben.

Milchschokoladen, mit weniger als 12,5% Milchtrockenmasse oder weniger als 25% Kakaobestandteilen, mit weniger als 3,0%, bei Vollmilchschokolade 3,5% Milchfett oder weniger als 5,0% fettfreier Kakaotrockenmasse.

Magermilchschokoladen mit weniger als 12,5% Magermilchtrockenmasse oder weniger als 25% Kakaobestandteilen oder mit weniger als 5,0% fettfreier Kakaotrockenmasse.

Als falsch bezeichnet sind auch zu erklären Erzeugnisse mit einer nicht zutreffenden Bezeichnung der Zusätze und endlich bei Angabe der Zusätze, wenn diese im Geruch oder Geschmack nicht deutlich hervortreten, endlich Präparate und Nährmittel mit Kakao, wenn sie den unter I. B, i) (S. 19) gegebenen Anforderungen nicht entsprechen.

Als nachgemacht sind zu beurteilen: Erzeugnisse, welche aus anderen als den bei der Herstellung von Kakaoerzeugnissen zulässigen Stoffen hergestellt sind und durch ihr Aussehen Kakaoerzeugnisse vorzutäuschen vermögen; aus Kakaobohnen (Kakaobruch usw., auch aus Kakaoschalen) durch Ausziehen mit Lösungsmitteln gewonnenes Kakaofett, welches als Kakaobutter in Verkehr gesetzt wurde.

5. Regelung des Verkehrs

Besonderes Augenmerk ist auf die noch vielfach sanitätswidrige Art der Feilhaltung von Kakaoerzeugnissen im Kleinverkehr zu richten. Im Interesse der Einschränkung falscher Bezeichnungen ist womöglich die Anbringung entsprechender Aufschriften auf den Waren zu fordern. Weiters sei auf die Notwendigkeit verwiesen, die Packungen mit Gewichtsangaben zu versehen.

6. Verwertung beanstandeter Waren

Falsch bezeichnete Kakaoerzeugnisse können nach Richtigstellung der Bezeichnung im Verkehr belassen werden. Verdorbene oder gesundheitsschädliche Waren sind aus dem Verkehr zu ziehen und zu vernichten. Verfälschte Waren sind ebenfalls dem Verkehr zu entziehen und können zu technischer Verwertung oder als Futtermittel Verwendung finden.

Experten: Direktor Dr. *Ulrich Genzken* (J. Meinl A. G.), Kom.-Rat *Gustav Heller* (G. u. W. Heller), Ing. *August Küfferle* (J. Küfferle u. Co. A. G.), Dr. *Hans Mahler* (Gebr. Stollwerck), Kom.-Rat *Johann Riedl* (J. Manner A. G.), Kom.-Rat *Ludwig Szenes* (V. Schmidt u. Söhne).

XXVII.

Konditorwaren und Zuckerwaren

Referent: Sektionsrat Dr. *Adolf Schugowitsch*
(Bundesministerium für soziale Verwaltung)

Diese Warengattungen unterliegen nicht bloß den allgemeinen Rechtsnormen „über den Verkehr mit Lebensmitteln und einigen Gebrauchsgegenständen" (Gesetz vom 16. Jänner 1896, RGBl. Nr. 89 von 1897), sondern auch mehrere Ministerialverordnungen befassen sich teils mit diesen Warengattungen selbst, teils regeln sie die Verwendung bestimmter Geschirre oder Hilfsstoffe (Farben) bei deren Herstellung. So beinhaltet die Ministerialverordnung vom 1. April 1901, RGBl. Nr. 36, das Verbot der Einschließung ungenießbarer Gegenstände (Metall- oder Holzteile) in Eßwaren, welche Bestimmung ebenso wie die der Ministerialverordnung vom 17. Juli 1906, RGBl. Nr. 142, „über die Verwendung von Farben und gesundheitsschädlichen Stoffen bei Erzeugung von Lebensmitteln (Nahrungs- und Genußmitteln) und Gebrauchsgegenständen, sowie über den Verkehr mit derart hergestellten Lebensmitteln und Gebrauchsgegenständen", besonders für die Zuckerwarenerzeugung von Bedeutung sind, während die Ministerialverordnung vom 13. Oktober 1897, RGBl. Nr. 235, womit Bestimmungen über die Erzeugung oder Zurichtung von Eß- und Trinkgeschirren, dann von Geschirren und Geräten, die zur Aufbewahrung von Lebensmitteln oder zur Verwendung bei denselben bestimmt sind, sowie über den Verkehr mit denselben erlassen wurden, bei der Konditorwarenerzeugung besonders zu beachten ist.

Bezüglich der Abgrenzung der „Konditorwaren" von den „Backwaren" wird auf die Ausführungen in Heft IV, S. 1 der 2. Auflage des Österr. Lebensmittelbuches verwiesen, doch muß bemerkt werden, daß vom Standpunkte der Lebensmittelkontrolle eine scharfe Abgrenzung dieser beiden Warengattungen undurchführbar erscheint. Die gewerberechtliche Abgrenzung aber muß wie an obzitierter Stelle so auch hier unberücksichtigt bleiben.

1. Beschreibung

Die hieher gehörigen Lebensmittel (Konditorwaren, Zuckerbäckereien, Zuckerwaren, Kanditen, Konfiserien) werden aus sehr verschiedenen Materialien unter Verwendung von Zucker hergestellt, schmecken mehr oder minder süß und sollen durch gefällige Form und schönes Aussehen zum Genusse anregen. Sie umfassen eine sehr große Zahl der mannigfaltigsten, nach Aussehen, Herstellung und Zusammensetzung verschiedenen Erzeugnisse, von denen nur die hauptsächlichsten, im Handel vorkommenden nachstehend angeführt sind, die sich etwa in folgende Gruppen einteilen lassen:

a) Konditorwaren im engeren Sinne

Die hieher gehörigen Waren sind meist Erzeugnisse des gewerblichen Kleinbetriebes. Bei ihrer Herstellung kommen neben Zucker zur Verwendung: Mehl, Eier, Milch oder Milchkonserven, Fette (Butter oder andere Speisefette), eßbare Samen und Früchte, letztere als solche oder in verschiedener Zubereitung, ferner Würzstoffe und endlich alkoholische Getränke. Um den Waren das für ihren Absatz förderliche vorteilhafte Aussehen zu geben, färbt man sie nicht selten ganz oder teilweise mit verschiedenen Farbstoffen. Der Zucker (Saccharose) wird entweder als solcher oder in gekochtem Zustande als sogenannter „Läuterzucker" zugesetzt; im letzteren Fall enthält er neben Saccharose meist auch deren Überhitzungsprodukte.

Die Erzeugung der Konditorwaren im engeren Sinne richtet sich mehr oder weniger nach allgemeinen Küchenregeln. Man arbeitet, je nach der Natur der zu bereitenden Ware, mit oder ohne Anwendung des Backprozesses.

Mit Hilfe des Backprozesses werden erzeugt:

1. Blätterteig- oder Butterteigwaren

Es sind dies Bäckereien von blättriger Struktur, die vorwiegend aus Mehl und Fett (Butter, Schweineschmalz, Margarine, Margarinschmalz, Pflanzenfett usw.) bestehen. Der Zucker dient hier in der Regel nur zum Bestreuen und zur Bereitung verschiedener Massen, welch letztere ihrerseits zum Füllen der hieher gehörigen Produkte Verwendung finden (Butterkrapfen, Butterbögen, Äpfelpitta, Pasteten, Tiroler Strudel, Schaumrollen, Nußkipfel usw.). Butterteigwaren, welche als „echte" Butterteigwaren bezeichnet sind, müssen unter ausschließlicher Verwendung von Butter hergestellt sein und dürfen keine Buttersurrogate enthalten.

2. Teebäckereien

Die Hauptbestandteile der Teebäckereien sind: Mehl, Zucker, Fett, und zwar Butter oder andere Speisefette, Eier und Gewürze, in manchen Fällen auch genießbare Samen, wie Mandeln, Haselnüsse usw. (Waffeln, Keks, Oblaten, Vanillestangen, Biskuitbusseln usw.).

3. Weiche Bäckereien

Diese Waren bestehen aus: Mehl, Fett, und zwar Butter oder anderen Speisefetten, Eiern oder Eikonserven, Zucker, Milch in Verbindung mit verschiedenen eßbaren Samen, Früchten oder Fruchtmassen und Gewürzen (Biskuits, Nußschifferln, Vanillebiskuits, Rouladen, Vanillekrapfen, Bischofsbrot, Zigeunerbrot, Fruchtschnitten, verschiedene Torteletten usw.).

4. Harte Bäckereien (Mandel- und Nußbäckereien)

Die Hauptbestandteile dieser Bäckereien sind: Genießbare Samen, wie Mandeln, Haselnüsse u. dgl., Zucker, Eiweiß, Mehl und Gewürze (Haselnußbiskuits, Makronen, Pariser Stangen, Mandelbrot usw.).

5. Patiencebäckereien

Dies sind Bäckereien in Figurenform, hergestellt aus Zucker, Eiweiß, Mehl, mit oder ohne Würzstoffe, mitunter auch in Schokolade getunkt.

6. Windbäckereien

Die Hauptbestandteile stellen dar: Zucker und frisches oder getrocknetes Eiweiß, eventuell reine Gelatine. Die Verwendung von unreinem, das ist nicht geruch- und geschmacklosem Leim und der Zusatz von Alaun zur Herstellung von Windbäckereien sind unstatthaft.

7. Kuchen und Torten

Die Hauptbestandteile dieser Waren sind: Zucker (zum Süßen oder Färben der Bäckerei), Eier, Mehl, eventuell zerriebene, genießbare Samen, wie Mandeln, Nüsse usw., ferner Butter oder andere Speisefette, Würzstoffe, Früchte, Fruchtmassen oder alkoholische Getränke. Zur Lockerung des Teiges werden Hefe oder Backpulver verwendet. Hieher gehören auch die in eigenartigen Formen gebackenen, unter der Bezeichnung „Gugelhupf“ in den Verkehr gebrachten Kuchen, welche auch häufig Rosinen oder Weinbeeren enthalten. Auch die in heißem Fett (Schweinefett, Butterschmalz, Pflanzenfett, Öl) gar gemachten Backwaren, wie „Krapfen“ u. ä. sind hier anzuschließen. Häufig werden die hieher gehörigen Waren mit einer Füllung (Marmelade, Mohn, Nuß, Topfen) versehen. Baumkuchen bestehen aus Teigmassen, die auf einer Walze über offenem Feuer gebacken, dann mit Aprikosenmasse bestrichen und mit Zucker glasiert werden. Die Torten werden, ebenso wie manche der bereits angeführten Bäckereien, oft mit einem eigenen Überzug (der „Beeisung“) versehen, wozu die sogenannten „Konserven“ dienen. Man unterscheidet gefärbte oder ungefärbte Zuckerkonserven und Schokoladekonserven. Erstere bestehen hauptsächlich aus mit Fruchtsäften, Essenzen, Punsch oder Würzstoffen parfümiertem Zucker, letztere im wesentlichen aus Schokolade mit etwas Zucker. Die ebenfalls zum Verzieren von Torten und Bäckereien verwendeten gefärbten oder ungefärbten „Glasuren“ enthalten neben Zucker Eiweiß.

8. Schaum- und Rahmbäckereien

Es sind dies aus Mehl, Zucker und Eiern, mit oder ohne Zusatz von Würzstoffen oder Schokolade, hergestellte Bäckereien, die zur Aufnahme oder zum Einhüllen von Creme oder Schaum dienen. Letzterer wird aus frischem oder getrocknetem Eiweiß und Zucker oder aus Rahm und Zucker hergestellt (Cremekrapfen, Indianerkrapfen usw.).

9. Lebkuchen (Pfeffer- oder Honiglebkuchen, Lebzelt)

Lebkuchen werden durch Backen eines gewürzten Teiges von Mehl und Honig oder Speisesirup, bei billigen Sorten auch von Stärkesirup bereitet. Zur Lockerung der Masse ist es üblich, etwas kohlensaures Ammoniak (Hirschhornsalz) oder Backpulver, doppelkohlensaures Natron oder — seltener — kohlensaures Kali mit Weinstein oder Weinsäure zuzusetzen. Das Backen des mit der Hand oder mit Hilfe von Pressen in flache Stücke geformten Teiges geschieht im gewöhnlichen Backofen oder bei feineren Sorten auf eigenen Backblechen. Die Lebkuchen erhalten in der Regel einen dünnen Zuckerüberzug, eine „Glasur“, manchmal werden sie mit Konserven oder Mandeln verziert. Honiglebkuchen dürfen nur mit reinem Honig hergestellt werden, der in einer für die Charakterisierung dieser Erzeugnisse entsprechenden Menge zu verwenden ist.

10. Früchtenbrote

Die Hauptbestandteile der Früchtenbrote sind: Zuckerreiche Früchte wie Birnen, Datteln, Feigen und Korinthen neben eßbaren Samen (Klötzenbrot, Tiroler Früchtenbrot, Bozener Früchtenbrot usw.).

11. Zwieback

Unter Zwieback überhaupt ist ein Backwerk zu verstehen, welches zweimal gebacken wird. Zur Herstellung werden die aus Hefeteig gebackenen, mehr oder minder gesüßten länglichen „Wecken“ in Scheiben geschnitten und sodann nochmals leicht gebacken.

Im Gegensatz zu den im vorstehenden beschriebenen, mit Hilfe höherer Temperatur (Backprozeß) bereiteten Konditorwaren im engeren Sinne werden die folgenden unter Anwendung von niederer Temperatur erzeugt, und zwar wird die hiebei notwendige Tiefkühlung durch eine Mischung von Eis und Kochsalz, in welche die zu kühlenden Gefrornesmassen in geeigneten Gefäßen eingestellt werden, oder durch Eintragen von fester Kohlensäure (Kohlensäureschnee, Trockeneis) unmittelbar in die Gefrornesmasse erzielt.

Da die hiebei verwendete feste Kohlensäure zufolge ihrer tiefen Temperatur (bis — 80° C) geeignet ist, Gesundheitsstörungen hervorzurufen, muß bei der Herstellung von derartigem Gefrornen darauf geachtet werden, daß das Trockeneis vor der Verwendung in einer geeigneten Zerkleinerungsmaschine feinst gepulvert und daß die Gefrornesmasse rasch und dauernd gerührt werde; zweckmäßigerweise beläßt man so hergestelltes Gefrornes vor der Abgabe noch etwa eine halbe Stunde in einer Eis-Kochsalzmischung, um das völlige Verdampfen der Kohlensäure zu erzielen; auch kann man die Temperatur der erstarrten Masse messen, welche nicht unter — 14° C liegen soll.

Bei der Aufbewahrung von Milchgefrorenem ist darauf zu achten, daß es in aufgetautem Zustande nicht längere Zeit höherer Temperatur ausgesetzt ist.

Hieher sind zu verweisen:

A. Gefrornes

Man unterscheidet:

a) Milchgefrornes, das aus Zucker, frischer Milch, einwandfreien Milchkonserven oder Rahm, frischem Eidotter, frischem oder getrocknetem Eiweiß, Würzstoffen oder Fruchtsäften, eventuell auch genießbaren Samen u. dgl. besteht (Vanillegefrornes, Nußgefrornes, Kaffeegefrornes usw.) und

b) Obstgefrornes aus Zucker, Fruchtsäften (Obstmark) und hygienisch einwandfreiem Wasser, eventuell mit Stücken von Früchten. Die Verwendung von Ersatzmitteln wie Kartoffelstärke, ätherischen Ölen u. dgl. ist unstatthaft.

B. Cremes und Sulzen

Cremes enthalten: Zucker, frisches oder getrocknetes Eiweiß und Fruchtsäfte mit oder ohne Rahmzusatz; Sulzen: Zucker, Fruchtsäfte und Gelatine. Zur Erzeugung der amerikanischen Eiskreme wird ein ungefähr 15% Butterfett enthaltendes Obers mit Zucker versetzt, pasteurisiert und hierauf tiefgekühlt, nach einigen Stunden auf sogenannte Reifetemperatur von etwa 10 bis 15° gebracht und mit Milchsäurereinkulturen versetzt. Nach weiteren 1 bis 3 Stunden wird das Obers auf 4 bis 6° C abgekühlt und nun einer ungefähr 24-stündigen

Reifezeit unterworfen. Diese gereifte Sahne (Mix) kann auch, wie es z. B. in Amerika allgemein üblich ist, aus Milchpulver und Butter mit oder ohne Zusatz von Milch oder Rahm erzeugt werden. Die gereifte Mix wird in besonderen Kühl- und Schlagmaschinen unter Zusatz von Zucker und Geschmacksstoffen (Vanille, Schokolade, Kaffee, Fruchtsäften usw.) durch etwa 30 bis 35 Minuten bearbeitet, wobei durch Kühlung mittels Kältelösungen von 6 bis 10° unter Null die Mix zum Gefrieren gebracht wird. Die nun zum weiteren Hartfrieren fertige Eiskreme wird in Formen oder anderen Gefäßen aufgefangen und bei Temperaturen von 20 bis 25° unter Null eingelagert. Eiskreme mit Fruchtzusätzen soll nicht unter 8%, Eiskreme mit Vanille nicht unter 10% Fett enthalten.

Der Verkauf der Eiskreme erfolgt entweder in Bechern oder offen im Ausstich, aber auch in kleinen Stangen, welche auch mit Schokoladeüberzug versehen und in Stanniol gewickelt werden können.

b) Zuckerwaren

Die „Zuckerwaren" im engeren Sinne des Wortes sind in der überwiegenden Mehrheit Erzeugnisse des maschinellen Betriebes; ihr Hauptbestandteil ist fast stets Zucker. Je nach der Art seiner Verarbeitung und den Beimengungen, die er erhält, kann man zahlreiche, in ihren Eigenschaften außerordentlich verschiedene Sorten unterscheiden. Derzeit spielen nachstehende Erzeugnisse im Handel die Hauptrolle:

1. Karamellen oder Karamelbonbons

Zur Herstellung dieser zur Gänze oder aber auch nur teilweise aus Zucker bestehenden Bonbons wird der Zucker in Wasser gelöst und die Lösung in offenen Kesseln oder, rationeller, in besonders konstruierten Vakuumapparaten, bis zu einer bestimmten Konsistenz verkocht, wobei die Temperatur 118 bis 120° C nicht übersteigen darf. Um das spätere Trübwerden der fertigen Bonbons zu verhindern, fügt man dem Zucker beim Verkochen Invertzuckersirup oder Traubenzucker in Form von Stärkezucker oder Stärkezuckersirup hinzu. Die so gewonnene Zuckermasse ist, wenn sie keinen anderen Zusatz erhält, nach dem Erkalten durchscheinend und glasig, weshalb sie im Munde nur langsam zerfließt. Sie wird in noch warmem Zustand weiter verarbeitet, das heißt, nach Bedarf gefärbt, parfümiert, aromatisiert oder mit besonderen Geschmackstoffen versetzt, zu welchem Zwecke Fruchtäther, verschiedene Essenzen, ätherische Öle oder auch Frucht- und Pflanzenextrakte Verwendung finden. Manchen Bonbons pflegt man unschädliche organische Säuren, wie Weinsäure oder Zitronensäure, zuzusetzen. Durch mechanische Behandlung der Bonbonsmasse in noch halbwarmem Zustand kann ihr ein seidenglänzendes Aussehen gegeben werden („Seidenbonbons"). Nach dem völligen Erstarren liefert sie massive Bonbons (z. B. durch Prägen „Drops“ oder durch Hacken und Brechen für diesen Zweck besonders geformter Stangen „Rocks“). Manche Bonbons werden nach Einlegen von weicher, warmer Marmelade, parfümierter Zuckermasse, Schokolade usw. in Kühlformen gefüllt („gefüllte Karamelbonbons“). Der Zusatz von Stärkemehl oder Mehl zu Karamellen und Karamelbonbons ist unstatthaft.

2. Malzbonbons (Malzextraktbonbons)

Malzbonbons werden unter Verwendung von Zucker oder Stärkezuckersirup unter Beigabe von mindestens 5% Malzextrakt oder 4% Trockenmalzextrakt hergestellt. Erzeugnisse, die ohne Malzextrakt hergestellt sind, dürfen nicht als Malzbonbons oder mit einer auf Malz hindeutenden Bezeichnung in den Verkehr gebracht werden.

3. Fondantbonbons

Fondantbonbons werden in der Art erzeugt, daß man Zucker, unter eventuellem Zusatz von Stärkezuckersirup, in Wasser löst, die Lösung rasch bei 116° C bis 122° C verkocht, dann tabliert und die erhaltene Masse, die beim Abkühlen erstarrt, in zweckentsprechender Weise weiter verarbeitet. Manchen Fondantmassen wird etwas Milch zugesetzt. Das Färben und Parfümieren geschieht so wie bei den Karamellen. Durch Kombinieren der Fondantmasse mit Fruchtmark oder Fruchtgelee erhält man ebenfalls sehr beliebte Dessertbonbons, die, wie alle Fondantbonbons, von weicherer Konsistenz als die Karamellen sind und daher im Munde rasch zerfließen. Daneben gibt es auch „gefüllte“ Fondants.

4. Gelee- und Marmeladebonbons

Diese Sorte Bonbons erzeugt man aus Zucker und Fruchtmark, Marmelade oder Obstgelee, eventuell unter Zusatz von Agar-Agar oder Gelatine. Sie werden häufig kandiert, das heißt, auf den äußern Flächen mit feinen Zuckerkristallen überzogen, mit Zucker bestreut oder glasiert.

5. Milchbonbons

Milchbonbons bestehen aus Zucker, Milch oder Milchkonserven, Butter und anderen geeigneten Zusätzen und müssen mindestens 2,5% Milchfett enthalten.

6. Obers- oder Rahmbonbons (Obers- oder Rahmkaramellen)

Obers- oder Rahmbonbons werden in der gleichen Weise wie Milchbonbons hergestellt, müssen aber mindestens 4% Milchfett enthalten.

7. Honigbonbons

Honigbonbons werden aus Zucker oder Stärkezuckersirup unter Zusatz von mindestens 5% Honig hergestellt. Erzeugnisse, die nicht unter Verwendung von Honig hergestellt wurden, dürfen nicht unter der Bezeichnung „Honigbonbons" in den Verkehr gelangen.

8. Bonbons aus „Konservzucker"

„Konserv"-Bonbons werden hergestellt, indem man Zucker mit Wasser oder besser mit Zuckerlösung zu einem Brei verrührt und diesen nach dem Parfümieren mit ätherischen Ölen oder Fruchtsäften und nach einer eventuellen Färbung bei relativ niedriger Temperatur (etwa bei 116° C) erstarren läßt. Als Beispiel derartiger Bonbons seien die sogenannten „Prominzen" angeführt.

9. Likörbonbons

Man verkocht eine mit Spirituosen oder auch nur mit den entsprechenden Essenzen und ätherischen Ölen versetzte Zuckerlösung bei 107 bis 112° C soweit, daß sie nach dem Eingießen in Formen aus Mehl in der Wärme oberflächlich kristallisiert und somit erstarrt, während das Innere noch flüssig bleibt.

10. Pastillen

Pastillen werden aus gefärbtem oder ungefärbtem, aromatisiertem Zucker unter Zusatz von Tragant oder Gummi arabicum erzeugt (z. B. Pfefferminzpastillen).

11. Dragées

Darunter versteht man mit Zucker oder einer Mischung aus Stärkemehl und Zucker oder Schokolade überzogene, aromatische Samen, Fruchtkerne oder Bonbons. Manche Dragées sind mit einer dünnen Schichte von echtem Gold, Silber oder Aluminium bekleidet.

12. Gummibonbons

Hieher gehören jene Bonbons aus Zucker, mit oder ohne Zusatz von Stärkemehl, Stärkezuckersirup, Pflanzenextrakten (z. B. Süßholzextrakt, Eibischauszug, Rosenwasser) und Fruchtessenzen, bei denen die einzelnen Bestandteile durch natürliche Gummi, wie Gummi arabicum, Adener Gummi, Senegalgummi u. dgl. neben geschlagenem Eiweiß oder reine Gelatine gebunden sind (Rosen-, Eibisch-, Succusteig). Der Form nach unterscheidet man Kugeln, Pastillen, „Früchte" oder, wie z. B. bei den Eibischteigzelteln, rhomboedrisch zerschnittene Stücke. Unter „Gummibonbons" sind nur solche Erzeugnisse zu verstehen, die unter Verwendung von mindestens 40% natürlichem Gummi hergestellt sind. Als „Kaugummi" kommen Mischungen aus reinem Paragummi, Zucker und Aromstoffen (z. B. Pfefferminzöl) in Kugel- oder Plättchenform in den Handel.

13. Pralinés

Pralinés sind Bonbons (Fondant), die einen Überzug von Schokolade (Tunkmasse) erhalten haben. (Siehe „Schokoladewaren", Heft XXVI, S. 18.)

Anmerkung: Unter Arzneibonbons versteht man auf verschiedene Weise aus Zucker oder Schokolade bereitete Bonbons, die irgend ein Arzneimittel (zum Beispiel Santonin) enthalten; ihr Verkauf ist den Apotheken vorbehalten.

c) Orientalische Zuckerwaren

Die orientalischen Zuckerwaren sind aus dem Orient stammende, zuckerhaltige Genußmittel, die teils von dort eingeführt, teils bei uns selbst erzeugt werden und nicht selten einen unzulässigen Zusatz von Saponin oder saponinhaltigen Stoffen erhalten. Von dieser Gruppe wären als wichtigste Arten zu nennen:

1. Ruschuk (Sultanbrot, Sutschuk)

Es sind dies längliche, zylindrische, an beiden Enden mehr oder weniger zugespitzte, weiß, gelb oder rot gefärbte, leicht durchscheinende Massen von kautschukartiger Konsistenz, die im Innern auf eine Schnur gereihte Mandeln oder andere Fruchtkerne enthalten. Die Ware wird durch Kochen von Zucker und eventuell Stärkezuckersirup mit Stärke und Agar-Agar oder Gelatine, und Parfümieren des so erhaltenen Produktes mit einem ätherischen Öle bereitet.

2. Türkischer Honig (Türkisches Brot oder Türkenbrot)

Diese Ware stellt eine harte, weiße oder gefärbte, an der Oberfläche jedoch leicht zerfließliche Masse dar, die mit Mandeln, Nüssen oder anderen eßbaren Fruchtkernen durchsetzt oder auch nur oberflächlich verziert ist und durch Kochen von Zucker mit Honig, mit oder ohne Stärkesirup und Stärke, hergestellt wird.

3. Nougat (Nougat de Montélimart, Mandorlato oder Mandorlato Torrone)

Es besteht aus Honig und Fruchtkernen oder Früchten mit zu Schnee geschlagenem Eiweiß oder aus einer anderen festen schaumbildenden Masse. Die Verwendung von Honigsurrogaten zu deren Herstellung ist unstatthaft.

4. Rachat-Locoum

Rachat-Locoum (Rahat) ist eine feste, gummiartige Masse, die durch Kochen von Stärkekleister mit wechselnden Mengen von Zucker gewonnen wird. Rachat-Locoum erhält mitunter Mastix-, Rosen-, Himbeer- oder Zitronengeschmack.

5. Halva

Halva oder Halwa besteht aus einer weißlichen oder rahmgelben bis gelbbraunen, festen Pasta von, je nach der Herstellung, feinfaseriger bis grobfaseriger Struktur. Man stellt sie durch stundenlanges Rühren von Zucker, meistens aber von Pekmes (besonders hergestellter eingedickter Traubensaft) mit gemahlenen und gerösteten Sesamsamen unter Zusatz von zu Schnee geschlagenem Eiweiß und von Zitronen- oder Weinsäure her. Halva kommt bei uns nur höchst selten im Verkehr vor.

d) Kandierte Früchte

Kandierte Früchte u. dgl. sind mit Zucker durchtränkte und überzogene frische Früchte oder andere unverdorbene, frische Pflanzenteile (Zitronat [Cedrat], Ingwer, Engelswurz, Arancini, Kalmuswurzel usw.). Der Zuckerüberzug wird entweder in der Weise angebracht, daß er die Früchte als dünne, glasige, gleichförmige Schicht („glasierte Früchte") oder in Form einer mehr oder weniger starken Kruste von Zuckerkristallen („kandierte Früchte" im eigentlichen Sinne) umhüllt. Bei der Fabrikation glasierter Früchte ist ein Zusatz von Stärkezuckersirup üblich. Früchte, die sich leicht entfärben (Kirschen, rote Birnen und so weiter), pflegt man mit unschädlichen Farbstoffen aufzufärben.

Die Herstellung erfolgt in der Weise, daß die gereinigten und (bei größeren Stücken) in Wasser vorgekochten Früchte oder Pflanzenteile in einer Zuckerlösung kurze Zeit in blanken Kupferkesseln zum Sieden erhitzt und hierauf in Steingutgefäße entleert und erkalten gelassen werden. Sodann werden sie in einer konzentrierteren Zuckerlösung neuerlich erhitzt und wieder erkalten gelassen. Dieser Vorgang wird noch einige Male, immer mit steigendem Zuckergehalt wiederholt, bis die Früchte völlig mit Zucker durchtränkt sind. Beim nachfolgenden Trocknen kristallisiert sodann mitunter auch Zucker auf den Früchten aus.

e) Marzipan

Unter Marzipan im weitesten Sinne versteht man mannigfaltig geformte Produkte aus einer aus Mandeln und Zucker bestehenden Masse. Sie werden sowohl im Fabriksbetrieb als auch von den Zuckerbäckern hergestellt.

Rohmarzipan ist ein Gemenge von feucht geriebenen Mandeln mit nicht mehr als 35% Zucker; sein Wassergehalt soll höchstens 17%, sein Gehalt an Mandelöl muß mindestens 28% betragen. An unlauteren Verfahrensarten kommen die Beimengung fremder Stoffe, z. B. von Stärkezucker, Glyzerin, Mehl und Stärke, sowie der Ersatz der Mandeln durch andere Fruchtkerne (Erdnuß-, entbitterte Aprikosen- oder Pfirsich-, Pflaumen-, Nuß-, Haselnußkerne, Kokosnüsse, Pistazien, Sojabohnen usw.) in Betracht.

Marzipanwaren („Ausgewirkter Marzipan") bestehen aus wechselnden Mengen von Rohmarzipan und Zuckermehl; zu ihrer Herstellung darf ein Teil Rohmarzipan höchstens mit der gleichen Menge Zucker verarbeitet werden. Ein zur besseren Bindung oder Erhaltung der weichen Beschaffenheit erfolgter Zusatz von höchstens 3,5% Stärkezuckersirup, dessen Zuckergehalt in den Gesamtzuckergehalt einzurechnen ist, kann nicht beanstandet werden. Bei der Herstellung der Marzipanwaren pflegt man je nach ihrer Art und besonderen Bestimmung auch manchmal eingelegte Früchte oder geeignete Parfümierungsmittel zu verwenden.

Anmerkung: Als Marzipanersatzmittel kommen marzipanähnliche Massen in den Handel, die nicht ausschließlich aus Mandeln oder nur aus anderen Fruchtkernen (s. o.) und Zucker bestehen; sie dürfen nur unter einer ihrer wirklichen Beschaffenheit entsprechenden Bezeichnung, welche das Wort Marzipan nicht enthalten darf, in den Verkehr gelangen. Ihre Zusammensetzung soll der des Marzipans entsprechen.

Die häufigsten Anstände ergeben sich bei den Konditorwaren aus der Verarbeitung minderwertiger, verdorbener oder gesundheitsschädlicher Rohmaterialien, wie z. B. von arsenhaltigem Stärkezucker, giftigen Farbstoffen, gesundheitsschädlichen Aromatisierungs- und Parfümierungsmitteln (z. B. Nitrobenzol) u. dgl. Auch zum Lockern von Waren, die man mittels des Backprozesses erzeugt, wurden unreine, ja selbst gesundheitsschädliche Lockerungsmittel (z. B. bleihaltiges Hirschhornsalz) benützt. Nicht selten wird das Gewicht der Zuckerwaren durch einen Zusatz von fremden, meist mineralischen Stoffen, wie schwefelsaurem Baryt, Talk u. dgl. erhöht. Zu beachten ist auch, daß die Konditorwaren gelegentlich infolge der Verwendung unzweckmäßiger Geräte oder Apparate, z. B. unsauberer Kupfer-, Zinn- oder Eisengefäße, sowie unzulässiger Zinkgeschirre bei der Herstellung oder Verwahrung von Gefrorenem, ferner durch eine ungeeignete Umhüllung bei der Verpackung (giftiges Buntpapier, Bleifolien usw.), endlich auch unter dem Einfluß zu langen Lagerns, verderben und gesundheitsschädliche Eigenschaften annehmen können.

Was die erlaubten Zusätze betrifft, unterliegt es keinem Anstand, gesundheitsunschädliche ätherische Öle, natürliche oder künstliche Fruchtäther, Pflanzensäfte, Tinkturen oder Essenzen, Spirituosen (Rum, Weinbrand usw.), chemisch reines Kumarin oder Vanillin und sanitär nicht bedenkliche organische Säuren zum Aromatisieren, Parfümieren und als Geschmack gebende Stoffe zu verwenden.

Die Verwendung künstlicher Süßstoffe ist bei Konditorwaren unter ausreichender Kennzeichnung dieses Umstandes zulässig, bei den übrigen Waren dieser Gruppe jedoch auch unter Kennzeichnung unzulässig.

Ebenso ist die Benützung reiner kohlensaurer Salze der Alkalien als chemische Lockerungs- oder Neutralisierungsmittel, dann der Zusatz von festem oder flüssigem Stärkezucker in den für die Erzeugung der einzelnen Zuckerwaren notwendigen Mengen und endlich die Verwendung aller zulässigen Speisefette, insofern sie sich in genußfähigem Zustande befinden, bis auf die im vorstehenden erwähnten, wenigen besonderen Ausnahmen, bedingungslos gestattet. Talk darf zum Bestreuen der Walzen und Formen nur dann gebraucht werden, wenn er der fertigen Ware in nicht mehr als Spuren oberflächlich anhaftet.

Zum Färben der Konditorwaren, einem allgemein geübten Kunstgriff zur Erzielung eines schönen Aussehens, dürfen alle durch die Min.-Verordnung vom 17. Juli 1906, RGBl. Nr. 142, für diesen Zweck als zulässig erklärten natürlichen und künstlichen Farbstoffe gebraucht werden, wenn nicht etwa die Färbung dazu bestimmt oder geeignet ist, die geringe Qualität zu verdecken. Verbotene Farbstoffe sind einige Nitrokörper, und zwar: 1. Pikrinsäure und alle ihre Verbindungen, 2. die Dinitrokresole und deren Metallverbindungen, 3. das Martiusgelb oder Naphthylamingelb (Naphtholgelb *S*, das Alkalisalz des sulfonierten Naphtholgelbs, ist gestattet), 4. das Aurantia- oder Kaisergelb, weiters 5. Aurin oder *p*-Rosolsäure, 6. Corallin, dann aus der großen Zahl der Azofarbstoffe, 7. das Orange II oder Mandarin *G* extra. Endlich sind 8. Gummigutti und 9. sämtliche oxalsauren Salze auch an sich unschädlicher Farbbasen „verbotene Farben“ im Sinne der angeführten Verordnung. Die Verwendung aller übrigen Teerfarbstoffe ist gestattet, wenn sie in ihrer Reinheit den in der Verordnung festgesetzten Anforderungen entsprechen. Um Mißgriffen bei der Auswahl von Farbstoffen für Zwecke der Lebensmittelindustrie vorzubeugen, wurde angeordnet, daß die zulässigen Farbstoffe vom Fabrikanten oder Händler mit der Aufschrift „zur Färbung von Lebensmitteln geeignet“ und „unschädlich im Sinne der Ministerialverordnung vom 17. Juli 1906, RGBl. Nr. 142“ versehen sein müssen.

2. Probeentnahme

Wo es angängig ist, empfiehlt sich die Entnahme eines Musters in Originalumschließung (Glas, Schachtel usw.). Bei Zuckerwaren, die in großen Stücken in den Handel kommen, sind für die Untersuchung, je nach der Größe, mehrere dieser Stücke auszusuchen. Bei kleinen Zuckerwaren genügt die Zusammenstellung eines der durchschnittlichen

Beschaffenheit der Ware genau entsprechenden Durchschnittsmusters im Gewichte von ungefähr 300 g.

3. Untersuchung

Angesichts der großen Mannigfaltigkeit der Konditorwaren und ihrer Zusammensetzung ist die schablonenhafte Anwendung eines Untersuchungsganges ebenso unmöglich als bedenklich. Es können daher hier nur die allgemeinen Methoden festgelegt werden. Sie bestehen in der Ermittlung des Aschengehaltes und in dem Nachweis der Abwesenheit gesundheitsschädlicher Farben, Mineralstoffe oder Metallsalze und künstlicher Süßstoffe; auch eine Prüfung der Umhüllungen wird sich in der Regel als notwendig erweisen. Sehr häufig handelt es sich endlich um die Feststellung des Zuckergehaltes. Im übrigen hat der Analytiker fallweise zu entscheiden, ob die so gewonnenen Daten noch durch eine mikroskopische Untersuchung des betreffenden Produktes oder durch besondere Reaktionen und quantitative Bestimmungen zu ergänzen sind.

1. Asche

Man verkohlt 5 bis 10 g der Probe vorsichtig in einer gewogenen Platinschale durch eine mäßig starke Flamme, laugt die Kohle mit heißem Wasser aus, filtriert den Rückstand ab, wäscht mit wenig Wasser nach, trocknet das Filter samt Inhalt in derselben Platinschale, verascht vollständig, fügt das Filtrat zur Asche hinzu, dampft auf dem Wasserbade ein, glüht schwach während kurzer Zeit, setzt nach dem Abkühlen einige Tropfen Ammoniumkarbonatlösung zu, erhitzt neuerlich vorsichtig und wiegt schließlich den Schaleninhalt nach dem Erkalten als sogenannte „Karbonatasche".

2. Giftige Metallsalze

Der Nachweis von Kupfer, Zinn, Zink, Alaun usw. geschieht nach den allgemein üblichen Methoden der analytischen Chemie.

3. Arsen

Die direkte Prüfung auf Arsen erfolgt in der Art, daß man die organische Substanz nach *Ortmann*[1]) im *Kjeldahl*-Kolben mit konzentrierter Salpetersäure übergießt, anfangs gelinde, später vorsichtig stärker erwärmt und schließlich bis zum Verschwinden der roten Dämpfe kocht. Nach dem Erkalten setzt man konzentrierte Schwefelsäure zu

---

[1]) *Ortmann*, Österreichisches Sanitätswesen, 1898, S. 78.

und erhitzt, bis die Flüssigkeit farblos oder mindestens strohgelb geworden ist. Nach dem Abkühlen wird mit Wasser verdünnt und, wenn die Lösung mit Diphenylaminschwefelsäure keine Salpetersäure mehr erkennen läßt, im *Marsh*schen Apparate auf Arsen untersucht.

4. Farbstoffe

Da das Färben der Konditorwaren mit Teerfarbstoffen grundsätzlich gestattet und nur die Verwendung ganz bestimmter Farben verboten ist, genügt zur Beurteilung der Nachweis von Teerfarbstoffen im allgemeinen in der Regel nicht. Es muß vielmehr auch auf die Gegenwart verbotener und unreiner Farbstoffe geprüft werden. Da überdies die zum Färben einer Zuckerware nötige Menge Teerfarbstoff außerordentlich gering ist, wäre bei notwendig erscheinender Untersuchung eines Farbstoffes vorerst eine Revision der Betriebsstätte zu veranlassen, um die verwendeten Farbstoffe selbst einer Untersuchung zuführen zu können.

Zur Abscheidung und Erkennung der Teerfarbstoffe hat nachstehendes Verfahren zu dienen:

Ist die zu prüfende Ware in Wasser völlig löslich, so wird ihre wässerige Lösung unmittelbar verwendet. Andernfalls, wenn sie sich in Wasser nur teilweise löst, zieht man nach entsprechender Zerkleinerung die Masse mit Alkohol von 70 Volumprozenten, dem unter Umständen einige Tropfen Eisessig zugesetzt worden sind, in der Wärme aus, filtriert und engt das Filtrat so weit ein, daß der größte Teil des Alkohols verjagt wird. Sollte sich Fett abscheiden, so muß neuerlich filtriert werden. Die in der einen oder anderen Art erhaltene Flüssigkeit versetzt man hierauf mit 0,5 bis 1 g Weinstein. Vom Fett befreite, weiße Schafwollfäden färben sich in dieser Flüssigkeit bei Gegenwart von Teerfarbstoffen nach einem halb- bis einstündigen Erwärmen am Wasserbade dauernd, so daß sie durch einfaches Waschen von anderen löslichen Stoffen befreit werden können. Sollten die zu untersuchenden Konditorwaren Fett enthalten, so kann es vorkommen, daß beim Ausfärben noch geringe Mengen Fett von der Wolle aufgenommen werden. In diesem Falle läßt man die mit Wasser gut gewaschene Wolle trocknen, behandelt sie hierauf mit Äther oder Petroläther und erwärmt die Wollfäden sodann in einer hinreichenden Menge von etwa 10-prozentigem Ammoniak, wobei der Farbstoff in der Regel der Wolle entzogen wird. Die ammoniakalische Lösung kann entweder intensiv gefärbt (saure Teerstoffe), farblos oder nur schwach gefärbt sein (einige basische Farbstoffe). Die Lösung wird hierauf zur Trockene eingedampft. Wenn es nicht gelingt, den Farbstoff durch Ammoniak in genügendem Grade von der Wolle abzuziehen, so trocknet man sie, erwärmt sie mit Amylalkohol, dem zweckmäßig einige Tropfen Eisessig zugesetzt werden, und dampft die amylalkoholische Lösung gleichfalls am Wasserbade zur Trockene ein. Einen Teil des auf die eine oder die andere Weise erhaltenen Trockenrückstandes prüft man zunächst auf sein Verhalten beim Erhitzen. Verpuffung deutet auf Anwesenheit von Nitrofarbstoffen, Auftreten von braunen (Brom-) oder violetten (Jod-) Dämpfen auf Eosine hin. Zur Entscheidung der Frage, ob der Farbstoff in die Gruppe der sauren oder in diejenige der basischen Farbstoffe gehört, prüft man das Verhalten seiner Lösung gegen Tanninlösung, die basische Farbstoffe ausfällt, saure Farbstoffe hingegen nicht. Diese Reaktion ist allerdings mit den aus Genußmitteln isolierten Farbstoffen zumeist nicht ausführbar, einerseits weil die Farbstoffe nicht mehr im unveränderten Zustande, das heißt, in Form ihrer neutralen Salze vorliegen und es sehr schwierig ist, sie in diese für die Reaktion geeignete Form zu bringen, anderseits weil in den allermeisten Fällen nur ganz geringe Farbstoffmengen zugegen sind und verdünnte Lösungen der basischen Farbstoffe nicht mehr gefällt werden. In den meisten Fällen führt aber nachstehendes Verfahren zum Ziele: Man löst den Trockenrückstand, je nach Umständen, in Wasser allein oder unter Zusatz einer sehr kleinen Menge verdünnter Salzsäure oder Sodalösung auf und säuert einen Teil dieser Lösung stark an. Scheidet sich sofort oder nach einiger Zeit ein Niederschlag aus, so liegt höchstwahrscheinlich ein saurer Farbstoff vor. Hat sich dagegen kein Niederschlag gebildet, so schüttelt man die angesäuerte Flüssigkeit mit Amylalkohol, trennt die gefärbte amylalkoholische Lösung sorgfältig von der wässerigen Schicht und schüttelt den Amylalkohol nunmehr mit einigen Tropfen Sodalösung aus. Färbt sich die Sodalösung intensiv, während der Amylalkohol farblos wird, so ist ein saurer Farbstoff zugegen. In dieser Weise verhalten sich die Nitrofarbstoffe, die meisten Azofarbstoffe, die Eosine, während aber Säurefuchsin und einige andere sulfonierte Rosanilinderivate eine Ausnahme machen. Aurin geht nur teilweise in Sodalösung, und es bleibt der Amylalkohol daher gefärbt. Basische Farbstoffe werden der amylalkoholischen Lösung durch Sodalösung nicht entzogen. Hat man die Zugehörigkeit des Farbstoffes zu der einen oder der anderen Gruppe erkannt, so wird das Verhalten einer Lösung des Farbstoffes gegen Zink und Salzsäure geprüft, welche Operation eine engere Umgrenzung des Farbstoffes erlaubt.[1])

Mit weiteren, kleinen Mengen des isolierten Farbstoffes sind dann die Spezialreaktionen auszuführen. Ergeben sie den Verdacht, daß ein verbotener Farbstoff vorhanden sei, so darf nicht unterlassen werden, vergleichende Versuche mit dem betreffenden reinen Farbstoff anzu-

---

[1]) Siehe auch *Mansfeld*, Die Untersuchung der Nahrungs- und Genußmittel, 3. Aufl., Leipzig-Wien, 1918, S. 120; *Schulz* und *Julius*, Tabellarische Übersicht der künstlichen organischen Farbstoffe, 5. Aufl., Berlin 1914, und *Schulz*, Die organischen Farbstoffe, aus *Posts* Chemisch-technische Analyse, 3. Aufl., II. Bd., Braunschweig 1909, S. 1265.

stellen. Nur wenn diese Versuche die Identität unzweifelhaft ergeben haben, darf eine Beanstandung stattfinden. Bei Farbstoffen, die häufig in Form ihrer Oxalate oder Chlorzink-Doppelsalze in den Handel kommen, ist es stets notwendig, auf Oxalsäure und Zink zu prüfen. Diese Prüfung wird in einer Probe der Konditorware selbst in der üblichen Weise ausgeführt.

Anmerkung: Wenn Farbstoffgemische vorliegen, was häufig vorkommt, so ist eine Trennung und Identifizierung der einzelnen Bestandteile des in einem Genußmittel vorfindlichen Farbstoffgemenges in Anbetracht der geringen Menge kaum durchführbar. Erscheint der Verdacht begründet, daß in dem Farbstoffgemische ein verbotener Farbstoff enthalten sei, so kann nur eine Revision in der Betriebsstätte, Entnahme einer nicht zu geringen Probe des Farbstoffes selbst und Untersuchung des letzteren zu einem sicheren Resultat führen.

An besonderen Untersuchungsmethoden seien erwähnt:

a) Pikrinsäure

Der Nachweis erfolgt in folgender Weise: Der mit Alkohol, Äther oder Amylalkohol hergestellte Auszug wird zunächst auf seinen Geschmack geprüft. Pikrinsäure schmeckt stark bitter. Ein Teil des Rückstandes wird mit 10-prozentiger Salzsäure erwärmt, wobei Pikrinsäure sofort ihre Farbe verliert. Wird in die erkaltete Flüssigkeit ein Stückchen Zink gelegt, so wird sie nach höchstens 2 Stunden schön blau. Seide und Wolle werden von Pikrinsäure schön gelb gefärbt. Mit Kaliumhydroxyd und Cyankalium gibt sie eine blutrote Färbung, die von Isopurpursäure herrührt; auch nach dem Zusatz von Traubenzucker und Alkohol tritt Rotfärbung ein.

b) o-Dinitrokresolkalium (Safransurrogat)

Zum Nachweis dient die folgende Methode: Man zieht den Farbstoff mit Alkohol aus, verdampft letzteren und erwärmt den Rückstand mit einigen Kubikzentimetern 10-prozentiger reiner Salzsäure. o-Dinitrokresolkalium entfärbt sich erst nach wenigen Minuten; wird dann in die erkaltete Flüssigkeit ein Stückchen Zink gelegt und die Lösung, ohne zu erwärmen, stehen gelassen, so erscheint der Inhalt nach höchstens zwei Stunden hellblutrot, wenn o-Dinitrokresolkalium zugegen gewesen ist.

c) Gummigutti

Man extrahiert das betreffende Produkt mit Alkohol, verdampft den Extrakt zur Trockene und behandelt den Rückstand mit Chloroform. Beim Verdunsten des Chloroformauszuges fällt eventuell vorhandenes Gummigutti als gelbes Pulver aus. Dieses Pulver ist in Sodalösung löslich und kann durch Salzsäure wiederum ausgeschieden werden.

5. Saponin

Zum Nachweis bedient man sich der Methode von *Brunner*[1]) in Verbindung mit dem Verfahren von *Rosenthaler*[2]):

Etwa 50 g der Probe werden in Wasser gelöst, die Lösung filtriert und mit soviel verflüssigter Karbolsäure (100 Teile Karbolsäure auf 10 Teile Wasser) versetzt, daß davon ungefähr 5 ccm ungelöst bleiben. Hierauf wird die Abscheidung des Phenols durch einen Zusatz von Ammoniumsulfat beschleunigt und das Phenol von der darüber stehenden Flüssigkeit getrennt. Man behandelt es nunmehr mit Wasser und einer Mischung von gleichen Teilen Äther und Petroläther behufs Entfernung des Phenols und dampft die wässerige Lösung ein. Der Abdampfrückstand enthält das Saponin, das sowohl an seiner Eigenschaft, Schaum zu bilden, als auch daran erkannt werden kann, daß es sich nach Zusatz von konzentrierter Schwefelsäure mit Wasser blaurot färbt. Zur Verbesserung des Nachweises wird der Rückstand in wenig Wasser gelöst und mit so viel Salzsäure versetzt, daß die Lösung etwa 2,5% davon enthält; man erwärmt dann auf dem Dampfbad, bis die Hydrolyse beendigt ist, d. h. bis die Flüssigkeit fast nicht mehr schäumt. Tritt beim Zusatz von Salzsäure ein Niederschlag, z. B. von Glycyrrhizin ein, so muß dieser abfiltriert werden. Hierauf schüttelt man die Flüssigkeit noch warm wiederholt mit größeren Mengen (je 50 ccm) Essigäther aus. Die essigätherische Lösung schüttelt man im Scheidetrichter wiederholt mit kleinen Mengen Wasser aus, bis dieses sich nicht mehr mit Silbernitrat trübt, entfärbt, wenn nötig, mit Tierkohle und bringt zur Trockene. Der Rückstand (Prosapogenin) gibt mit konzentrierter Schwefelsäure eine rötliche Lösung, die nach kürzerer oder längerer Zeit violett wird. Einen anderen Teil des Rückstandes kann man in Sodalösung zu einer beim Schütteln schäumenden Flüssigkeit lösen.

Findet man Saponin nach dieser Methode, während die hämolytischen Untersuchungsmethoden[3]) versagen, so handelt es sich um ein regeneriertes Saponin ohne hämolytische Eigenschaften.

6. Stickstoff

Die Bestimmung erfolgt nach dem *Kjeldahl*-Verfahren in üblicher Weise.

---

[1]) Chemisches Zentralblatt, 2. Bd., 1906, S. 167; Zeitschrift für Untersuchung der Nahrungs- und Genußmittel, sowie der Gebrauchsgegenstände, 1902, 5, 1197; Archiv für Chemie und Mikroskopie in ihrer Anwendung auf den öffentlichen Verwaltungsdienst, 1909, S. 163.

[2]) Zeitschrift für Untersuchung der Nahrungs- und Genußmittel, sowie der Gebrauchsgegenstände, 1913, 25, 154.

[3]) Zeitschrift für Untersuchung der Lebensmittel, 1929, Bd. 58, 311.

7. Fett

Die Bestimmung und Untersuchung des Fettes (z. B. bei Milch- und Rahmbonbons, bei Butterteigwaren) erfolgt nach den in den Heften XI, XII und XIX gegebenen Anweisungen.

8. Künstliche Süßstoffe

Ein Nachweis künstlichen Süßstoffs kann durch Ausschütteln eines wässerigen, mit Phosphorsäure angesäuerten Auszuges oder einer Lösung mit Petroläther-Äthermischung und Kostprobe des nach Verdampfen des Lösungsmittels verbleibenden Rückstandes erfolgen.

9. Zucker

Wo die Bestimmung des Zuckers notwendig sein sollte, erfolgt sie nach der Anleitung I zur Beilage A der Anlage A der Vollzugsvorschrift zum Zuckersteuergesetz (RGBl. Nr. 176 ex 1903), wobei aber zu berücksichtigen ist, daß bei der Herstellung von Konditorwaren in vielen Fällen aus der Saccharose, namentlich wenn sie im Laufe der Fabrikation erhitzt wurde (S. 35), Überhitzungsprodukte entstehen, ferner daß die Saccharose durch Einwirkung von Nebenbestandteilen des betreffenden Produktes, wie z. B. durch organische Säuren, invertiert wird und endlich, daß gleichzeitig vorhandener Stärkezucker usw. das Drehungs- und Reduktionsvermögen stark beeinflußt; aus diesen Gründen wird in vielen Fällen eine genaue Zuckerbestimmung überhaupt nicht durchführbar sein. Bei Feststellung des Gehaltes an hinzugefügtem Zucker muß stets bedacht werden, daß man den Konditorwaren auch oft Früchte und Samen mit einem sehr bedeutenden natürlichen Zuckergehalt in größerer Menge zusetzt. Namentlich ist bei eventueller Bestimmung des Zuckers in Marzipan selbstverständlich der in den Mandeln vorhandene Zucker in Abzug zu bringen.

10. Gummi

Etwa 10 g der Gummibonbons werden nach *Bellier*[1]) in einem 50 ccm-Meßkolben in Wasser gelöst. Man füllt zur Marke auf, mischt und bringt 20 ccm der Lösung in einen *Erlenmeyer*-Kolben, fügt 1 ccm 10-prozentiger Chlorkalziumlösung zu und versetzt hierauf unter ständigem Umschwenken mit 40 ccm 96-prozentigem Alkohol und läßt unter öfterem kreisenden Schwenken 24 Stunden verschlossen stehen. Danach wird die klare Flüssigkeit abgegossen, der Rückstand mit 65-prozentigem Alkohol kräftig durchgeschüttelt und wieder absitzen gelassen. Sodann bringt man ihn unter Nachspülen mit 65-prozentigem Alkohol auf ein gewogenes Filter, wäscht mit dem gleichen und dann noch mit 96-prozentigem Alkohol aus, trocknet und wägt.

---

[1]) Ann. des Falsific., 1910, 3, 528.

4. Beurteilung

Bei der Beurteilung der Konditorwaren und Zuckerwaren ist zu beachten, daß solche Waren infolge Verwendung ungeeigneter Rohmaterialien (z. B. von unreinem Leim), fehlerhafter Herstellung, unzweckmäßiger Aufbewahrung, zu langer Lagerung oder aus irgendeinem anderen Grunde nicht nur einen Teil ihrer wertbestimmenden Eigenschaften einbüßen können und hiedurch, je nach dem Umfange dieses Mangels entweder als minderwertig oder als verdorben erscheinen, sondern mitunter auch als gesundheitsschädlich zu beurteilen sein werden.

Unter allen Umständen gesundheitsschädlich sind jene Erzeugnisse dieser Warengruppe, die giftige Farben oder solche Metallsalze, z. B. aus den bei der Zubereitung verwendeten Gefäßen (S. 42), dann Saponin und verwandte Körper (S. 41) oder andere sanitär bedenkliche Stoffe wie z. B. Arsen, Alaun u. dgl. (S. 43) enthalten. Verdorbene Konditorwaren von ekelerregender Beschaffenheit gehören ebenfalls zu den gesundheitsschädlichen Lebensmitteln. Auch den Umhüllungen und äußeren Verzierungen des Backwerks (S. 43) ist hinsichtlich deren etwaigen Gesundheitsschädlichkeit Aufmerksamkeit zuzuwenden.

Als verdorben werden jene Konditor- und Zuckerwaren anzusprechen sein, die bestaubt, beschmutzt oder sonstwie verunreinigt sind oder ihren ursprünglichen Charakter (in Geruch, Geschmack, Färbung und so weiter) soweit verloren haben, daß nicht nur ihr Wert als Genußmittel, sondern ihr Wert als Lebensmittel überhaupt wesentlich herabgesetzt erscheint.

Verfälscht sind Konditor- und Zuckerwaren, die eine Erhöhung des Gewichtes bewirkende Zusätze mineralischer Natur (S. 43) erhalten haben, weiters Obstgefrorenes, das einen Zusatz von Ersatzmitteln (S. 37) erhalten hat, dann Karamelbonbons mit einer Beimengung von Stärkemehl und Pralinés, deren Schokoladeüberzug fremde Stoffe zugesetzt enthält und schließlich Honiglebkuchen, Honigbonbons und Nougat, die statt mit Honig unter Verwendung von Honigsurrogaten hergestellt sind. Auch Rohmarzipan oder Marzipanwaren, deren Zusammensetzung den früher (S. 42) gestellten Anforderungen nicht entspricht, sind für verfälscht zu erklären. Das analytische Kennzeichen einer Verfälschung durch Beigabe von Mineralstoffen ist die Tatsache, daß der Aschengehalt der betreffenden Konditorware das für den Aschengehalt des aschenreichsten organischen Bestandteiles dieser Konditorware zulässige Maximum überschreitet.

Verfälscht sind auch alle Waren dieser Gruppe mit Ausnahme der unter a) Konditorwaren besprochenen und entsprechend gekennzeichneten, sofern sie einen (auch gekennzeichneten) Zusatz künstlicher Süßstoffe erhalten haben.

Als falsch bezeichnet zu beurteilen sind Butterteigwaren (S. 34), Honiglebkuchen (S. 36), Malzbonbons (S. 39), Honigbonbons (S. 40),

Milch-, Obers- oder Rahmbonbons (S. 39) sowie Gummibonbons (S. 40), welche den früher angegebenen Anforderungen nicht entsprechen. Desgleichen sind Marzipanersatzmittel (S. 43), die unter einer ihrer wirklichen Beschaffenheit nicht entsprechenden oder das Wort „Marzipan" enthaltenden Benennung in den Verkehr gelangen, als falsch bezeichnet zu beanstanden. Auch die Verwendung künstlicher Süßstoffe bei „Konditorwaren", ohne entsprechende Kennzeichnung dieses Umstandes sowie die Verwendung künstlicher Aromastoffe bei nach einer Fruchtart benanntem Gefrorenem stellt eine falsche Bezeichnung dar.

5. Regelung des Verkehrs

Es sind folgende Punkte zu beachten:

1. Die zur Erzeugung, zur Lagerung oder zum Verkaufe von Konditorwaren bestimmten Räume sollen allen betriebstechnischen und sanitären Anforderungen entsprechen. Sowohl die zur Erzeugung bestimmten Stoffe als die erzeugten, eingelagerten und feilgehaltenen Waren sind gegen Verunreinigung durch Staub, Ungeziefer und soweit als möglich durch Insekten (Fliegen und Wespen) in ausreichendem Maße zu schützen. Namentlich müssen die Fußböden der Betriebsräume dicht, fest und so beschaffen sein, daß eine leichte Beseitigung des Staubes auf nassem oder feuchtem Wege möglich ist.

2. Die mit der Erzeugung und mit dem Verkaufe von Konditorwaren beschäftigten Gewerbsleute und ihre Hilfspersonen sind zur größten Reinlichkeit im Betriebe zu verhalten.

3. Die Beschaffenheit und die Art der Verwendung der bei der Erzeugung und Aufbewahrung von Konditorwaren benützten Geschirre, Geräte und Gefäße hat den diesbezüglichen allgemeinen Vorschriften (S. 33) zu entsprechen. Bei der Erzeugung von Biskuitbäckerei darf Makulaturpapier als Unterlage für den Teig auf dem Backbleche nicht gebraucht werden. Für die Aufbewahrung von Gefrorenem empfiehlt sich besonders die Verwendung von Glas- oder Porzellangefäßen. Die Verwendung von Gefäßen aus Papiermasse (Papiermaché) zu diesem Zwecke ist nicht zu empfehlen. Anzustreben wäre auch eine möglichste Einschränkung oder ein Verbot des Hausierens und der Feilhaltung von Gefrorenem auf offener Straße.

4. Die zur Umhüllung von Konditorwaren verwendeten Materialien müssen vollkommen rein sein und allen einschlägigen besonderen Bestimmungen (S. 33) genügen. Es ist unzulässig, Makulaturpapier zur unmittelbaren Umhüllung von Konditorwaren zu verwenden.

5. Minderwertige Konditorwaren (S. 43), dann die bei der Erzeugung sich ergebenden Abfälle und die beim Transporte oder aus sonstigen Ursachen zerbrochenen Waren sollen, wenn sie im übrigen den Anforderungen des Lebensmittelbuches entsprechen, nur unter der ihnen nach ihrer wirklichen Beschaffenheit zukommenden Bezeichnung, im

ersten Fall „Ausschuß", im zweiten Fall „Abfall" oder „Bruch", in den Verkehr gelangen.

6. Die Feilhaltung und der Verkauf teilweise oder ganz verdorbener Konditorwaren ist unstatthaft.

7. Konditorwaren, die eine Füllung von Creme oder Rahm enthalten, müssen frisch erzeugt oder mindestens mit frischer Creme gefüllt sein, wenn sie in den Verkehr gelangen. Ältere Ware ist nicht im Verkehr zu dulden.

6. Verwertung der beanstandeten Konditorwaren

Verfälschte und teilweise oder ganz verdorbene Konditorwaren sind, wenn es sich um geringe Quantitäten handelt, in einer geeigneten Weise zu vernichten. Bei größeren Mengen solcher Ware ist die Möglichkeit einer eventuellen technischen Verwertung in Erwägung zu ziehen, jedoch dürfen Konditorwaren, die in ekelerregender Weise verunreinigt sind, unter keinen Umständen zur Herstellung eines menschlichen Genußmittels verwendet werden. Falsch bezeichnete Waren können unter richtiger Bezeichnung im Verkehr belassen werden.

Experten: Kom.-Rat *Karl Bauer* (Reichsverband der Zuckerbäcker), *Fritz Edthofer* (J. Meinl A. G.), Kom.-Rat *Gustav Heller* (Zentralverein der Schokolade- und Zuckerwarenfabrikanten), Ing. *Leo Krammer* (Fa. J. Hoff, Wien-Stadlau), Dir. Dr. *Hans Mahler* (Fa. Gebr. Stollwerck), *Herrmann Neisse* (Fa. Neisse u. Co.), *J. Prousek*, Zuckerbäcker.

Printed by Printforce, the Netherlands